鱼类图鉴
珊瑚三角区

〔俄罗斯〕安德鲁·瑞安斯基　〔俄罗斯〕尤里·日瓦诺夫◎著

王金燕　周　晓◎译　张　弛◎审订

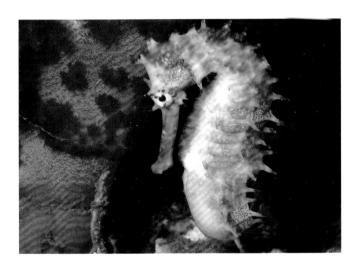

Reef Fishes of the Coral Triangle
Reef ID Books

U0353125

北京科学技术出版社

著作权合同登记号　图字：01-2020-0800

图书在版编目（CIP）数据

鱼类图鉴：珊瑚三角区 /（俄罗斯）安德鲁·瑞安斯基 ，（俄罗斯）尤里·日瓦诺夫著；王金燕，周晓译. —北京：北京科学技术出版社，2023.3
书名原文：Reef Fishes of the Coral Triangle
ISBN 978-7-5714-2575-3

Ⅰ. ①鱼… Ⅱ. ①安… ②尤… ③王… ④周… Ⅲ. ①海产鱼类—世界—图集 Ⅳ. ① Q959.408-64

中国版本图书馆 CIP 数据核字（2022）第 172533 号

策划编辑：李 玥 王宇翔		电　　话：0086-10-66135495（总编室）	
责任编辑：付改兰		0086-10-66113227（发行部）	
责任校对：贾 荣		网　　址：www.bkydw.cn	
图文制作：天露霖文化		印　　刷：北京宝隆世纪印刷有限公司	
责任印制：李 茗		开　　本：710 mm × 1000 mm　1/16	
出 版 人：曾庆宇		字　　数：171千字	
出版发行：北京科学技术出版社		印　　张：15.75	
社　　址：北京西直门南大街16号		版　　次：2023年3月第1版	
邮政编码：100035		印　　次：2023年3月第1次印刷	
ISBN 978-7-5714-2575-3			

定　　价：178.00元

前　言

　　珊瑚礁三角区简称"珊瑚三角区"，指印度尼西亚、菲律宾、巴布亚新几内亚和所罗门群岛之间呈三角形的水域。这片水域面积仅占全球海洋面积的1.6%，却是世界公认的海洋生物多样性水平最高的地带。世界上已知的76%的珊瑚生长在这里，印度洋 - 太平洋海域的绝大多数热带鱼生活在这里。

　　本书专为潜水爱好者和水下摄影师撰写，能够帮助他们辨别珊瑚三角区的硬骨鱼。此外，对海洋生物爱好者来说，本书也有非常重要的参考价值。书中收录了1500种珊瑚礁鱼类，你可以根据书中提供的信息找到对应的鱼。书中的照片是在自然条件下拍摄的，未使用任何会影响或破坏海洋生物及其栖息地的方式和手段。照片展示了鱼的体色和斑纹，你可以通过照片来了解鱼的种类、性别和年龄方面的差异。

　　本书收录的鱼中有一些是新近（2015 ～ 2019 年）被描述的，有一些的辨别特征为暂定特征，有一些的辨别特征尚待描述，还有一些尚未被定种。

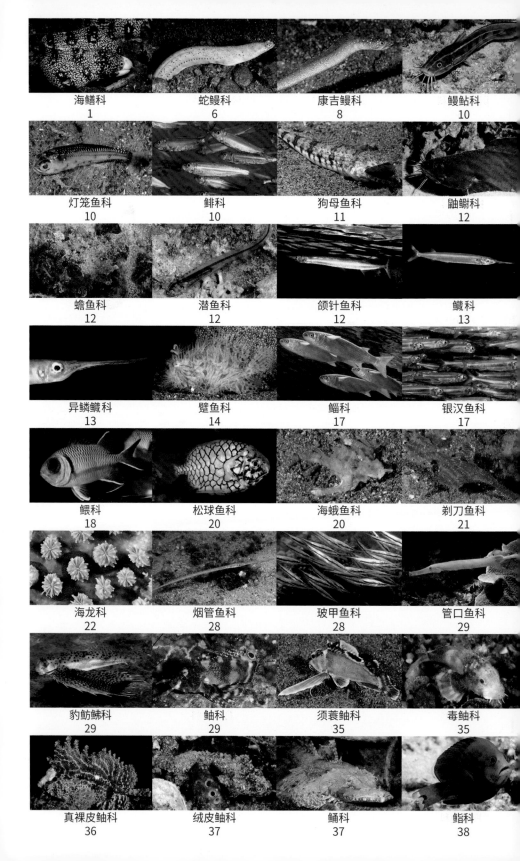

海鳝科 1	蛇鳗科 6	康吉鳗科 8	鳗鲶科 10
灯笼鱼科 10	鲱科 10	狗母鱼科 11	鼬鳚科 12
蟾鱼科 12	潜鱼科 12	颌针鱼科 12	鱵科 13
异鳞鱵科 13	躄鱼科 14	鲻科 17	银汉鱼科 17
鳂科 18	松球鱼科 20	海蛾鱼科 20	剃刀鱼科 21
海龙科 22	烟管鱼科 28	玻甲鱼科 28	管口鱼科 29
豹鲂鮄科 29	鲉科 29	须蓑鲉科 35	毒鲉科 35
真裸皮鲉科 36	绒皮鲉科 37	鲬科 37	鮨科 38

拟花鮨亚科 45	线纹鱼亚科 48	棘鳞鮨鲈科 49	鳂科 51
拟雀鲷科 51	鮗科 54	后颌䲁科 54	大眼鲷科 55
鲻科 56	马鲅科 56	鳝科 56	天竺鲷科 56
双边鱼科 68	弱棘鱼科 68	鲫科 69	鲹科 69
鳁科 72	笛鲷科 72	梅鲷科 76	银鲈科 78
仿石鲈科 79	金线鱼科 81	裸颊鲷科 85	羊鱼科 88
单鳍鱼科 90	大眼鲳科 90	金钱鱼科 90	鮠科 91
蝴蝶鱼科 91	刺盖鱼科 98	雀鲷科 103	隆头鱼科 121

鹦嘴鱼科
147

肥足䲢科
152

毛背鱼科
154

鲈䲢科
154

䲢科
154

裸鳗鳚科
155

三鳍鳚科
155

鳚科
157

喉盘鱼科
166

鳅科
167

虾虎鱼科
169

蠕鳢科
210

鳍塘鳢科
210

白鲳科
213

篮子鱼科
214

刺尾鱼科
216

舒科
222

鲭科
223

牙鲆科
224

鲆科
224

冠鲽科
226

鳎科
226

舌鳎科
228

鳞鲀科
229

单角鲀科
232

箱鲀科
236

鲀科
238

刺鲀科
242

翻车鲀科
243

Snow ake Moray / *Echidna nebulosa*

云纹蛇鳝分布于印度洋–太平洋海域，100 cm*。身体上有黑色斑块和黄色斑点。

Barred Moray / *Echidna polyzona*

多带蛇鳝分布于印度洋–太平洋海域，72 cm。随着年龄的增长，身体上的深色横纹将逐渐消失。

多带蛇鳝主要以蟹类为食，身体上有深褐色和浅黄色相间的横纹，嘴角处呈深褐色。左图中为亚成鱼，右图中为体表长有白色窄条纹的幼鱼。

Unicolor Moray / *Echidna unicolor*

单色蛇鳝分布于印度洋–太平洋海域，40 cm。通体浅褐色，眼睛周围有暗色环纹。

Bentjaw Moray / *Enchelycore schismatorhynchus*

裂纹勾吻鳝分布于印度洋–太平洋海域，120 cm。背鳍边缘呈白色，颌呈钩状。

Zebra Moray / *Gymnomuraena zebra*

条纹裸海鳝分布于印度洋–太平洋海域，150 cm。牙齿扁平，很容易咬碎蟹类和贝类的硬壳。具有独特的体色，非常容易识别。右图中为幼鱼。

1

* 除了幼鱼的体长为个体体长外，正文中记录的体长为该物种的最大体长。——译者注

Blue Moray / *Gymnothorax* sp.

裸胸鳝（未定种）分布于菲律宾海域，40 cm。背部呈蓝色，颌部有白色斑点。

Whitemargin Moray / *Gymnothorax albimarginatus*

白缘裸胸鳝分布于印度洋−太平洋海域，105 cm。背鳍边缘呈白色，颌部有白色斑点。

Ringed Moray / *Gymnothorax annulatus*

环带裸胸鳝分布于西太平洋海域，50 cm。呈浅黄色，身体上有深色横纹。

Blackcheek Moray / *Gymnothorax breedeni*

布氏裸胸鳝分布于印度洋−太平洋海域，75 cm。体形小，但具有攻击性。呈褐色，身体上有黑斑。

Vagrant Moray / *Gymnothorax buroensis*

伯恩斯裸胸鳝分布于印度洋−太平洋海域，39 cm。呈浅黄色，体侧有 5 排小黑点。

Banded Mud Moray / *Gymnothorax chlamydatus*

黑环裸胸鳝分布于西太平洋海域，60 cm。（奥克萨纳·马克西穆瓦 / 摄）

Lipspot Moray / *Gymnothorax chilospilus*

云纹裸胸鳝分布于印度洋−太平洋海域，60 cm。栖息于浅礁区，白天躲藏在礁石下。口内呈白色。颌部有白色斑点，其中最大的白色斑点位于嘴角处。

Flores Mud Moray / *Gymnothorax davidsmithi*

达氏裸胸鳝分布于西太平洋海域，45 cm。颌部有白色斑点。

Enigmatic Moray / *Gymnothorax enigmaticus*

虎纹裸胸鳝分布于印度洋–太平洋海域，90 cm。随着年龄的增长，身体上的深色横纹将逐渐变模糊。

Honeycomb Moray / *Gymnothorax favagineus*

豆点裸胸鳝分布于印度洋–太平洋海域，300 cm。呈白色，身体上密布黑色斑块。

Fimbriated Moray / *Gymnothorax fimbriatus*

细斑裸胸鳝分布于印度洋–太平洋海域，80 cm。头顶部呈黄绿色。

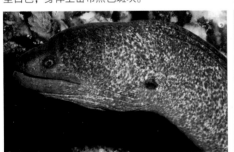

Yellowmargin Moray / *Gymnothorax avimarginatus*

黄边裸胸鳝分布于印度洋–太平洋海域，240 cm。身体密布褐色斑点，鳃孔处有一个黑色斑点。

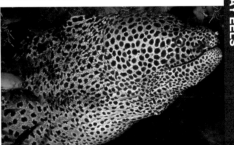

Spotted Moray / *Gymnothorax isingteena*

魔斑裸胸鳝分布于印度洋–西太平洋海域，180 cm。与豆点裸胸鳝外形相似，但身体上的斑块较小。

Giant Moray / *Gymnothorax javanicus*

爪哇裸胸鳝分布于印度洋–太平洋海域，300 cm。呈褐色，身体上有黑色斑点。体形较大。

Whitemouth Moray / *Gymnothorax meleagris*

斑点裸胸鳝分布于印度洋–太平洋海域，120 cm。口内呈白色。

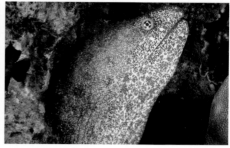

Yellowmouth Moray / *Gymnothorax nudivomer*
裸犁裸胸鳝分布于印度洋-太平洋海域，180 cm。
口内呈黄色。

Peppered Moray / *Gymnothorax pictus*
花斑裸胸鳝分布于印度洋-太平洋海域，120 cm。
眼睛里有十字形斑纹。

Highfin Moray / *Gymnothorax pseudothyrsoideus*
密网裸胸鳝分布于印度洋-西太平洋海域，
80 cm。呈浅黄色，身体上有密集的深褐色斑点。

Bars & Spots Moray / *Gymnothorax punctatofasciatus*
斑条裸胸鳝分布于印度洋-西太平洋海域，50 cm。
呈浅褐色，身体上密布深色斑块。

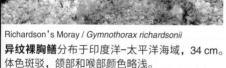

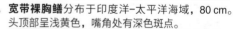

Richardson's Moray / *Gymnothorax richardsonii*
异纹裸胸鳝分布于印度洋-太平洋海域，34 cm。
体色斑驳，颌部和喉部颜色略浅。

Banded Moray / *Gymnothorax rueppelliae*
宽带裸胸鳝分布于印度洋-太平洋海域，80 cm。
头顶部呈浅黄色，嘴角处有深色斑点。

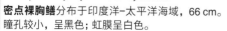

Whiteeyed Moray / *Gymnothorax thyrsoideus*
密点裸胸鳝分布于印度洋-太平洋海域，66 cm。
瞳孔较小，呈黑色；虹膜呈白色。

Undulated Moray / *Gymnothorax undulatus*
波纹裸胸鳝分布于印度洋-太平洋海域，150 cm。
头顶呈黄绿色。

海鳝科 MORAY EELS

4

Bartail Moray / *Gymnothorax zonipectis*
带尾裸胸鳝分布于印度洋-太平洋海域，50 cm。头顶部有不规则的白色斑块。

White Ribbon Eel / *Pseudechidna brummeri*
拟蛇鳝分布于印度洋-太平洋海域，103 cm。头部有黑色斑点。

Ribbon Eel / *Rhinomuraena quaesita*
大口管鼻鳝分布于印度洋-太平洋海域，120 cm。除背鳍呈黄色外，幼鱼其他部位呈黑色。雄鱼呈亮蓝色，雌鱼（罕见）呈黄色。

Tiger Snake Moray / *Scuticaria tigrina*
虎斑鞭尾鳝分布于印度洋-太平洋海域，140 cm。呈浅黄色，身体上有深褐色斑点。

Large-Spotted Moray / *Uropterygius polyspilus*
多斑尾鳝分布于印度洋-太平洋海域，78 cm。与虎斑鞭尾鳝外形相似，肛门的位置不同。

Shorttailed Snake Moray / *Scuticaria okinawae*
冲绳鞭尾鳝分布于印度洋-太平洋海域，90 cm。通体灰褐色。辨别特征暂定。

Blotched Moray / *Uropterygius fasciolatus*
条纹尾鳝分布于西太平洋中部海域，50 cm。呈褐色，身体上有波纹状深色条纹。

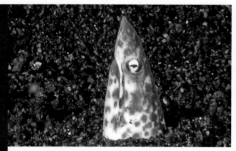

Sharpsnout Snake Eel / *Apterichtus klazingai*

克氏无鳍蛇鳗分布于印度洋-太平洋海域，40 cm。（奥利弗·施皮斯霍菲 / 摄）

Stargazer Snake Eel / *Brachysomophis cirrocheilos*

须唇短体蛇鳗分布于印度洋-西太平洋海域，160 cm。下颌比上颌长。

Reptilian Snake Eel / *Brachysomophis henshawi*

亨氏短体蛇鳗分布于印度洋-太平洋海域，120 cm。侧线形成黑色小圆点，侧线上方还有大量深色斑点。

Crocodile Snake Eel / *Brachysomophis crocodilinus*

鳄形短体蛇鳗分布于印度洋-太平洋海域，120 cm。体色多样，从类白色到浅褐色不一。眼睛靠近吻端。本种会在沙地上挖洞并潜伏其中，仅露出眼睛，以伏击猎物。

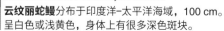

Marbled Snake Eel / *Callechelys marmorata*

云纹丽蛇鳗分布于印度洋-太平洋海域，100 cm。呈白色或浅黄色，身体上有很多深色斑块。

Fringelip Snake Eel / *Cirrhimuraena playfairii*

普氏须鳗分布于印度洋-太平洋海域，50 cm。上唇长有唇须。

Harlequin Snake Eel / *Myrichthys colubrinus*
斑竹花蛇鳗分布于印度洋-太平洋海域，97 cm。呈白色，身体上有黑色环纹。

Tiger Snake Eel / *Myrichthys maculosus*
斑纹花蛇鳗分布于印度洋-太平洋海域，100 cm。呈白色，身体上有黑色圆形斑点。

Highfin Snake Eel / *Ophichthus altipennis*
高鳍蛇鳗分布于印度洋-太平洋海域，103 cm。侧线形成黑色小圆点，头部有黑色小圆点，胸鳍呈黑色。

Napoleon Snake Eel / *Ophichthus bonaparti*
鲍氏蛇鳗分布于印度洋-太平洋海域，75 cm。头部有金色的类似于大理石的花纹。

Blacksaddle Snake Eel / *Ophichthus cephalozona*
项斑蛇鳗分布于太平洋海域，115 cm。身体上有白缘黑色鞍状斑。

Many-Eyed Snake Eel / *Ophichthus polyophthalmus*
多斑蛇鳗分布于印度洋-太平洋海域，63 cm。身体上有深色缘黄色眼状斑。

Narrow Worm Eel / *Scolecenchelys macroptera*
大鳍蠕蛇鳗分布于印度洋-太平洋海域，25 cm。吻突出，超过下颌。

Sea Conger / *Ariosoma anagoides*

拟穴美体鳗分布于西太平洋海域，31 cm。胆小，为夜行性动物。背鳍呈浅蓝色。

Shleele's Conger / *Ariosoma scheelei*

谢勒美体鳗分布于印度洋–西太平洋海域，25 cm。胆小，为夜行性动物。背鳍下方有成排的白色小点。

Barred Sand Conger / *Ariosoma fasciatum*

条纹美体鳗分布于印度洋–太平洋海域，60 cm。成鱼身体上有许多深褐色斑块和鞍状斑。左图中为幼鱼，20 cm。右图中为成鱼。

Longfin African Conger / *Conger cinereus*

灰康吉鳗分布于印度洋–太平洋海域，140 cm。上唇上方有黑色条纹，夜间身体上会出现深色宽横纹。左图中为幼鱼，25 cm。右图中为成鱼。

Barnes' Garden Eel / *Gorgasia barnesi*

巴氏园鳗分布于印度洋–西太平洋海域，120 cm。身体上密布褐色和白色斑点。

Whitespotted Garden Eel / *Gorgasia maculata*

大斑园鳗分布于印度洋–西太平洋海域，60 cm。呈灰色，身体上有白色斑点。

Freckled Garden Eel / *Gorgasia naeocepaea*

菲律宾园鳗分布于西太平洋海域，75 cm。身体上密布褐色斑点。

Splendid Garden Eel / *Gorgasia preclara*

横带园鳗分布于印度洋-西太平洋海域，40 cm。呈白色，身体上有金色环纹。

Enigma Garden Eel / *Heteroconger enigmaticus*

竖头异康吉鳗分布于西太平洋海域，43 cm。呈浅褐色，身体上密布白色斑点。

Spotted Garden Eel / *Heteroconger hassi*

哈氏异康吉鳗分布于印度洋-太平洋海域，50 cm。身体上有少量黑色斑块，并密布黑色斑点。

Black Garden Eel / *Heteroconger perissodon*

褐黄异康吉鳗分布于印度洋-西太平洋海域，54 cm。鳃部上方有浅色斑块。

Zebra Garden Eel / *Heteroconger polyzona*

横带异康吉鳗分布于印度洋-西太平洋海域，35 cm。身体上有黑色横纹。

Taylor's Garden Eel / *Heteroconger taylori*

泰勒异康吉鳗分布于西太平洋中部海域，48 cm。身体上密布深色斑块（左图）或深色条纹（右图）。它们很难接近。有人靠近时，它们会缩回洞穴中。

Small Catfish / *Euristhmus* sp.

阔峡鲶（未定种）分布于菲律宾海域，10 cm。（亚历克斯·瑟托达 / 摄）

Striped Catfish / *Plotosus lineatus*

线纹鳗鲶分布于印度洋–太平洋海域，32 cm。口部有 4 对触须。

Skinnycheek Lanternfish / *Benthosema pterotum*

七星底灯鱼属于灯笼鱼科，分布于印度洋–太平洋海域，7 cm。

Bali Sardinella / *Sardinella lemuru*

黄泽小沙丁鱼属于鳀科，分布于印度洋–太平洋海域，23 cm。为群居鱼类，聚集时会形成大型的鱼群。

Slender Lizardfish / *Saurida gracilis*

细蛇鲻分布于印度洋–太平洋海域，31 cm。身体后部有 3 条深色横纹，上齿外露。

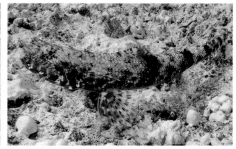

Clouded Lizardfish / *Saurida nebulosa*

云纹蛇鲻分布于印度洋–太平洋海域，16.5 cm。与细蛇鲻外形相似，但体形偏小，横纹不明显。

Two-Spot Lizardfish / *Synodus binotatus*

双斑狗母鱼分布于印度洋–太平洋海域，18 cm。身体上有 6~7 条横纹（第 1 条和第 2 条可能不明显，如左图），个体的横纹颜色不同，从深红色到深褐色不一。吻尖有成对的黑色斑点，由此得名。

Clearfin Lizardfish / *Synodus dermatogenys*

革狗母鱼分布于印度洋−太平洋海域，24 cm。身体上有浅蓝色纵纹和中间为浅色的深色斑块。

Blackblotch Lizardfish / *Synodus jaculum*

射狗母鱼分布于印度洋−太平洋海域，20 cm。尾鳍基部有黑色斑块。

Redmarbled Lizardfish / *Synodus rubromarmoratus*

红花斑狗母鱼分布于印度洋−西太平洋海域，20 cm。身体上有 5 个深色缘红色鞍状斑。

Tectus Lizardfish / *Synodus tectus*

肩盖狗母鱼分布于印度洋−西太平洋海域，22 cm。体形细长，身体上有织物样的斑纹。

Reef Lizardfish / *Synodus variegatus*

杂斑狗母鱼分布于印度洋−西太平洋海域，40 cm。身体下部有断断续续的白色条纹。右图中的个体正在缓慢地吞食雀鲷。

Bluntnose Lizardfish / *Trachinocephalus trachinus*

大头狗母鱼分布于印度洋−太平洋海域，23 cm。身体上有蓝色和黄色的纵纹，鳃孔处有深色斑点，眼睛至颌部有深色条纹。

Goatsbeard Brotula / *Brotula multibarbata*

多须鼬鳚属于鼬鳚科，分布于印度洋–太平洋海域，100 cm。背鳍缘呈白色。

Banded Toadfish / *Halophryne diemensis*

横带小孔蟾鱼属于蟾鱼科，分布于印度洋–西太平洋海域，28 cm。

Graceful Pearlfish / *Encheliophis gracilis*

鳗形细潜鱼分布于印度洋–西太平洋海域，27 cm。寄居在海参体内。辨别特征暂定。

Silver Pearlfish / *Encheliophis homei*

长胸细潜鱼分布于印度洋–太平洋海域，19 cm。寄居在海参体内。下腹呈银色。辨别特征暂定。

Fowler's Pearlfish / *Onuxodon fowleri*

福氏钩潜鱼分布于印度洋–太平洋海域，10 cm。与双壳贝类和海参共生。

Oyster Pearlfish / *Onuxodon parvibrachium*

短臂钩潜鱼分布于印度洋–太平洋海域，10 cm。与双壳贝类共生。

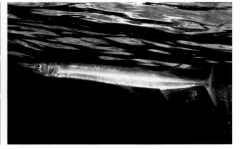

Keeltail Needlefish / *Platybelone argalus*

大西洋宽尾颌针鱼分布于印度洋–太平洋海域，45 cm。尾鳍略呈半月形。

Hound Needlefish / *Tylosurus crocodilus*

鳄形圆颌针鱼分布于印度洋–西太平洋海域，150 cm。大型鱼。尾鳍呈叉形，侧线呈深色。

Dussumier's Halfbeak / *Hyporhamphus dussumieri*

杜氏下鱵鱼属于鱵科，分布于印度洋-太平洋海域，38 cm。下颌尖端呈红色。

Shortnose River-Garfish / *Zenarchopterus gilli*

吉氏异鳞鱵属于异鳞鱵科，分布于印度洋-太平洋海域，20 cm。

Feathered River-Garfish / *Zenarchopterus dispar*

匙鳍异鳞鱵属于异鳞鱵科，分布于印度洋-太平洋海域，19 cm。下颌呈红色，上颌比下颌宽长。栖息在红树林中。

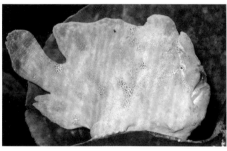

Giant Frogfish / *Antennarius commerson*

康氏躄鱼分布于印度洋-太平洋海域，45 cm。是体形较大的躄鱼。体色多变，常与周围的海绵融为一体（右图）。

Hispid Frogfish / *Antennarius hispidus*

毛躄鱼分布于印度洋-西太平洋海域，20 cm。眼睛周围有辐射状深色线纹，白色椭圆形钓饵（吻触手前端的衍生物）用来吸引猎物。

Warty Frogfish / *Antennarius maculatus*

大斑躄鱼分布于印度洋-西太平洋海域，11 cm。体表密布疣状突起，鳍缘多呈红色，第二背鳍前端有红色鞍状斑。

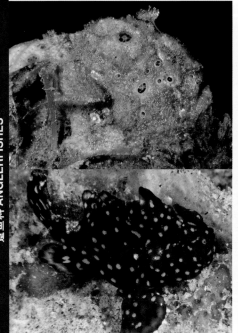

Painted Frogfish / *Antennarius pictus*

白斑躄鱼分布于印度洋-太平洋海域，16 cm。体表密布海绵状圆形斑点，体色多变。

Striated Frogfish / *Antennarius striatus*

带纹躄鱼分布于印度洋-太平洋海域，22 cm。体色多变，多呈棕褐色。身体上有深色条纹和斑点，钓饵呈蠕虫状。与毛躄鱼体形相似，根据钓饵的形状很容易将二者区分开。右图中为幼鱼。

躄鱼科 ANGLERFISHES

14

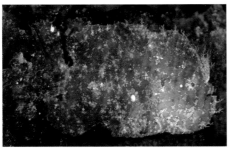
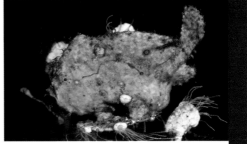

Randall's Frogfish / *Antennarius randalli*

蓝道氏躄鱼分布于西太平洋海域，10 cm。体色多变，从黄色到红黑色不一，身体上散布白色斑点。右图中为幼鱼。（尤里·伊万诺夫 / 摄）

Brackishwater Frogfish / *Antennarius biocellatus*

双斑躄鱼分布于西太平洋海域，15 cm。第二背鳍基部有浅色缘黑色斑点。

Lined Frogfish / *Antennatus linearis*

条纹手躄鱼分布于印度洋-太平洋海域，6 cm。呈淡褐色，身体上有波状线纹。（罗塞扬托·罗西 / 摄）

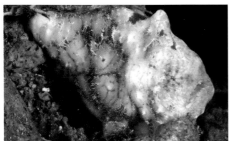

Tuberculated Frogfish / *Antennatus tuberosus*

网纹手躄鱼分布于印度洋-太平洋海域，9 cm。呈黄色，身体上有褐色网纹。尾鳍上有深色条纹。

Scarlet Frogfish / *Antennatus coccineus*

细斑躄鱼分布于印度洋-太平洋海域，13 cm。钓饵呈白色，头部后方一般有浅色斑块。

Bandtail Frogfish / *Antennatus dorehensis*

驼背躄鱼分布于印度洋-太平洋海域，6 cm。体形小，体色多变，尾鳍上一般有条纹。

Spotfin Frogfish / *Antennatus nummifer*

钱斑躄鱼分布于印度洋-太平洋海域，13 cm。与海绵十分相似。背鳍下方一般有橘色环纹。

Spiny-Tufted Frogfish / *Antennatus rosaceus*

长杆鮟鱇鱼分布于印度洋－太平洋海域，6 cm。钓饵细长，带有细须。

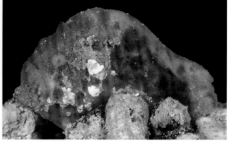

Bearded Frogfish / *Histiophryne* sp.

薄鮟鱇鱼（未定种）分布于巴布亚新几内亚海域，9 cm。头部钝圆，有丝状突起。辨别特征暂定。

Cryptic Frogfish / *Histiophryne cryptacanthus*

隐刺薄鮟鱇鱼分布于西太平洋海域，9 cm。头部钝圆，细小的钓饵能很好地隐藏起来。

Psychedelic Frogfish / *Histiophryne psychedelica*

拟态薄鮟鱇鱼分布于印度尼西亚海域，9 cm。（卡伦·霍尼克特 / 摄）

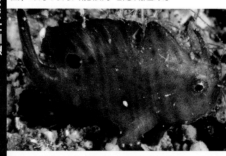

Deepwater Frogfish / *Nudiantennarius subteres*

黑纹裸身鮟鱇鱼分布于西太平洋海域，8 cm。体表的皮刺较少，钓饵呈杆状，背鳍下方有黑色圆形斑点。

Marble-Mouthed Frogfish / *Lophiocharon lithinostomus*

藻瓣绒冠鮟鱇鱼分布于西太平洋海域，12 cm。钓饵杆很长，但钓饵极小。（左图由贝恩德·霍佩拍摄，右图由奈杰尔·马什拍摄）

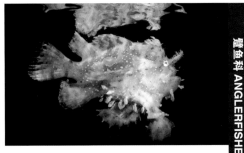

Sargassumfish / *Histrio histrio*

裸躄鱼分布于环热带海域，20 cm。栖息于马尾藻附近。呈浅黄色，身体上有皮褶和深色斑点，鳍上一般有深色条纹。幼鱼（左图）呈深褐色。

Fringelip Mullet / *Crenimugil crenilabis*

粒唇鲻分布于印度洋-太平洋海域，60 cm。胸鳍基部有深色斑点。

Bluespot Mullet / *Crenimugil seheli*

圆吻凡鲻分布于印度洋-太平洋海域，60 cm。胸鳍呈黄色，腹部有深色纵纹。

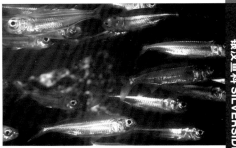

Hardyhead Silverside / *Atherinomorus lacunosus*

南洋美银汉鱼分布于印度洋-太平洋海域，13 cm。身体上有银色纵纹。

Lined Silverside / *Atherinomorus lineatus*

线纹美银汉鱼分布于西太平洋海域，8 cm。腹部有 2~3 条由深色小点组成的暗淡的纵纹。

Shadowfin Soldierfish / *Myripristis adusta*

焦黑锯鳞鱼分布于印度洋-太平洋海域，35 cm。奇鳍有黑色宽边。

Blotcheye Soldierfish / *Myripristis berndti*

凸颌锯鳞鱼分布于印度洋-太平洋海域，30 cm。第一背鳍缘呈橘色。

Blacktip Soldierfish / *Myripristis botche*

柏氏锯鳞鱼分布于印度洋-西太平洋海域，30 cm。头部的前半部呈红色。

Doubletooth Soldierfish / *Myripristis hexagona*

六角锯鳞鱼分布于印度洋-太平洋海域，20 cm。第一背鳍缘呈亮红色。

Shoulderbar Soldierfish / *Myripristis kuntee*

康德锯鳞鱼分布于印度洋-太平洋海域，26 cm。呈浅粉色，头部后方有褐色宽条纹。

Blotcheye Soldierfish / *Myripristis murdjan*

白边锯鳞鱼分布于印度洋-太平洋海域，27 cm。鳃盖缘有深色窄条纹。

Scarlet Soldierfish / *Myripristis pralinia*

红锯鳞鱼分布于印度洋-太平洋海域，20 cm。通体呈浅红色，鳃盖缘有深色窄条纹。

Robust Soldierfish / *Myripristis robusta*

壮体锯鳞鱼分布于西太平洋海域，22 cm。奇鳍尖端有深色斑块。

Lattice Soldierfish / *Myripristis violacea*

紫红锯鳞鱼分布于印度洋-太平洋海域，22 cm。身体呈银色，鳞片缘呈深色。

Whitetip Soldierfish / *Myripristis vittata*

无斑锯鳞鱼分布于印度洋-太平洋海域，25 cm。第一背鳍鳍棘尖端呈白色。

Clearfin Squirrelfish / *Neoniphon argenteus*

银色新东洋鳂分布于印度洋–太平洋海域，24 cm。背鳍透明。

Yellow-Striped Squirrelfish / *Neoniphon aurolineatus*

黄带新东洋鳂分布于印度洋–太平洋海域，25 cm。头部和鳃盖上有红色条纹。

Blackfin Squirrelfish / *Neoniphon opercularis*

黑鳍新东洋鳂分布于印度洋–太平洋海域，35 cm。背鳍上的条纹很独特。

Sammara Squirrelfish / *Neoniphon sammara*

莎姆新东洋鳂分布于印度洋–太平洋海域，32 cm。背鳍上有深红色和白色相间的斑块。

Tailspot Squirrelfish / *Sargocentron caudimaculatum*

尾斑棘鳞鱼分布于印度洋–太平洋海域，25 cm。尾柄上有白色斑块，鳃盖上有白色条纹。

Threespot Squirrelfish / *Sargocentron cornutum*

角棘鳞鱼分布于印度洋–西太平洋海域，16 cm。背鳍软条和臀鳍上有深色斑块。

Crown Squirrelfish / *Sargocentron diadema*

黑鳍棘鳞鱼分布于印度洋–太平洋海域，17 cm。背鳍的颜色特别艳丽。

Samurai Squirrelfish / *Sargocentron ittodai*

银带棘鳞鱼分布于印度洋–太平洋海域，20 cm。呈类白色，身体上沿着成排的鳞片有多条红色纵纹。

Blackblotch Squirrelfish / *Sargocentron melanospilos*

黑点棘鳞鱼分布于印度洋-太平洋海域，25 cm。背鳍软条基部有深色斑块。

Redcoat Squirrelfish / *Sargocentron rubrum*

点带棘鳞鱼分布于印度洋-太平洋海域，27 cm。尾鳍基部有深色斑块。

Longjawed Squirrelfish / *Sargocentron spiniferum*

尖吻棘鳞鱼分布于印度洋-太平洋海域，51 cm。头部有红色斑块，背鳍呈红色。

Pink Squirrelfish / *Sargocentron tiereoides*

似赤鳍棘鳞鱼分布于印度洋-太平洋海域，20 cm。呈浅红色，身体上有深红色纵纹。

Pineconefish / *Monocentris japonica*

日本松球鱼属于松球鱼科，分布于印度洋-太平洋海域，17 cm。

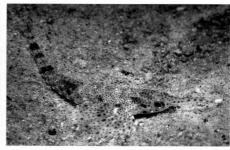

Longtail Seamoth / *Pegasus volitans*

飞海蛾鱼属于海蛾鱼科，分布于印度洋-西太平洋，20 cm。吻部突出。（尤里·伊万诺夫 / 摄）

Dragon Seamoth / *Eurypegasus draconis*

宽海蛾鱼属于海蛾鱼科，分布于印度洋-太平洋海域，10 cm。通常成对出现，成鱼（右图）身体上有深色细线组成的斑纹。左图中为幼鱼。

Robust Ghostpipefish / *Solenostomus cyanopterus*
蓝鳍剃刀鱼分布于印度洋-太平洋海域，17 cm。体色多变，吻部为长管状，尾柄短，通常在海草附近成对出现。图③中为罕见的"天鹅绒"体色型个体。

Roughsnout Ghostpipefish / *Solenostomus paegnius*
锯吻剃刀鱼分布于印度洋-太平洋海域，15 cm。体色多变，吻部下方和尾鳍周围通常会有浓密的絮状物。

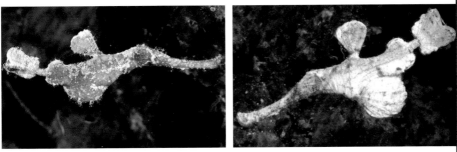

Halimeda Ghostpipefish / *Solenostomus halimeda*
马歇尔岛剃刀鱼分布于印度洋-太平洋海域，5 cm。体色多变，从绿色到红色不一。身体小，头部大。通常出现在仙掌藻附近。

Harlequin Ghostpipefish / *Solenostomus paradoxus*

细吻剃刀鱼分布于印度洋–太平洋海域，12 cm。体色多变。通常出现在海百合附近。多数时间在水体表层活动，繁殖时潜至底层。

Shortpouch Pygmy Pipehorse / *Acentronura breviperula*

短身细尾海龙分布于印度洋–太平洋海域，5 cm。通常出现在海草上。

Bastard Seahorse / *Acentronura gracilissima*

日本细尾海龙分布于西太平洋海域，5 cm。

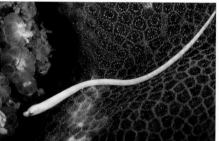

Briarium Pipefish / *Apterygocampus epinnulatus*

印度尼西亚少鳍海龙分布于西太平洋中部海域，3 cm。栖息于柳珊瑚上。眼睛下方有黑色条纹。

Pugheaded Pipefish / *Bulbonaricus brauni*

勃氏鳗海龙分布于印度洋–西太平洋海域，4 cm。栖息于盔形珊瑚上。身体上有斑点，无条纹。

Lined Pugheaded Pipefish / *Bulbonaricus brucei*

布氏鳗海龙分布于印度洋–西太平洋海域，4.5 cm。栖息于盔形珊瑚上。身体上有纵纹，无斑点。（伊斯特·帕迪略 / 摄）

Short-Bodied Pipefish / *Choeroichthys brachysoma*

短体猪海龙分布于印度洋-太平洋海域，7 cm。雄鱼身体上有白色斑点。（珍妮特·约翰逊 / 摄）

Benedetto's Pipefish / *Corythoichthys benedetto*

巴利岛冠海龙分布于印度洋-西太平洋海域，7 cm。身体上有 12 条白色横纹。（安德雷·纳察克 / 摄）

Brown-Banded Pipefish / *Corythoichthys amplexus*

环纹冠海龙分布于印度洋-西太平洋海域，10 cm。身体上有深褐色横纹和白色环纹。

Reeftop Pipefish / *Corythoichthys haematopterus*

红鳍冠海龙分布于印度洋-太平洋海域，20 cm。头部有线纹。尾鳍呈粉色，尾鳍缘呈白色。

Messmate Pipefish / *Corythoichthys intestinalis*

吸口冠海龙分布于印度洋-太平洋海域，17 cm。与红鳍冠海龙的区别在于其尾鳍末端有深色斑块。

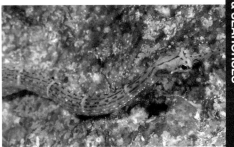

Black-Breasted Pipefish / *Corythoichthys nigripectus*

黑胸冠海龙分布于印度洋-太平洋海域，11 cm。身体上有红色网状斑。

Ocellated Pipefish / *Corythoichthys ocellatus*

眼斑冠海龙分布于西太平洋海域，10 cm。身体上有黑色缘黄色斑点。

Many-Spotted Pipefish / *Corythoichthys polynotatus*

糙背冠海龙分布于西太平洋海域，16 cm。身体上有黄色斑点和粉色纵纹。

Schultz's Pipefish / *Corythoichthys schultzi*
史氏冠海龙分布于印度洋-太平洋海域，16 cm。
身体上有深色缘橘色虚线纹。

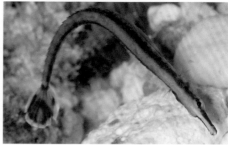

Bluestripe Pipefish / *Doryrhamphus excisus*
蓝带矛吻海龙分布于印度洋-太平洋海域，7 cm。
（珍妮特·约翰逊 / 摄）

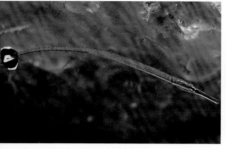

Janss' Pipefish / *Doryrhamphus janssi*
强氏矛吻海龙分布于西太平洋中部海域，14 cm。
深色尾鳍上有白色斑块。（安德雷·纳察克 / 摄）

Honshu Pipefish / *Doryrhamphus japonicus*
日本矛吻海龙分布于西太平洋海域，8.5 cm。尾
鳍上有独特的斑纹。

Kulbicki's Pipefish / *Festucalex* cf. *kulbickii*
库氏光尾海龙（近似种）分布于西太平洋海域，
7 cm。有多种体色型，身体上无明显的环纹。

Kulbicki's Pipefish / *Festucalex kulbickii*
库氏光尾海龙分布于西太平洋海域，7 cm。吻部
透明，身体上有隆脊和 13 个环纹。

Broad-Banded Pipefish / *Dunckerocampus boylei*
博氏斑节海龙分布于印度洋海域，16 cm。身体上
有深色宽横纹和白色环纹，尾鳍中央无白色斑点。

Ringed Pipefish / *Dunckerocampus dactyliophorus*
带纹斑节海龙分布于印度洋-太平洋海域，19 cm。
尾鳍中央有白色斑点。

Naia Pipefish / *Dunckerocampus naia*
斐济斑节海龙分布于太平洋海域，15 cm。靠近尾鳍基部处有白色斑点。

Yellowbanded Pipefish / *Dunckerocampus pessuliferus*
栓形矛吻海龙分布于西太平洋中部海域，16 cm。身体上有金色和褐色相间的环纹。

Gray's Pipefish / *Halicampus grayi*
葛氏海蝎鱼分布于印度洋-西太平洋海域，20 cm。体侧有白色斑点，背部有白色鞍状斑。

Samoan Pipefish / *Halicampus mataafae*
马塔法海蝎鱼分布于印度洋-太平洋海域，14 cm。呈斑驳的褐色，背部有白色鞍状斑。

Redhair Pipefish / *Halicampus dunckeri*
邓氏海蝎鱼分布于印度洋-太平洋海域，12 cm。背部有皮瓣，头部有丝状物。

Glittering Pipefish / *Halicampus nitidus*
横带海蝎鱼分布于西太平洋海域，8 cm。呈褐色，身体上有白色横纹。（杰尔姆·金 / 摄）

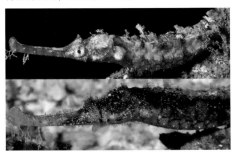

Ornate Pipefish / *Halicampus macrorhynchus*
大吻海蝎鱼分布于印度洋-西太平洋海域，16 cm。身体上有隆脊，头部有分叉的细丝。

Thread Pipefish / *Kyonemichthys rumengani*
印度尼西亚驼海龙分布于印度洋-西太平洋海域，2.7 cm。头部和背脊上有红色的丝状物。

Shortnose Pipefish / *Micrognathus andersonii*

安氏小颌海龙分布于印度洋–西太平洋海域，8.5 cm。体色多变，多呈褐色。身体上有白色鞍状斑。

Pygmy Seahorse / *Hippocampus bargibanti*

巴氏海马分布于印度洋–西太平洋海域，2.4 cm。栖息于柳珊瑚上。有两种体色型，一种呈灰白色，身体上有粉红色或红色疣状突起；另一种呈黄色，身体上有橘色疣状突起。与宿主珊瑚很像。

Denise's Pygmy Seahorse / *Hippocampus denise*

橘色海马分布于西太平洋海域，2.2 cm。体色多变，取决于所寄居的柳珊瑚的颜色。身体上的疣状突起与柳珊瑚的水螅体很像。左图中为雄性个体，受精卵正在它腹部的育儿囊中孵化。

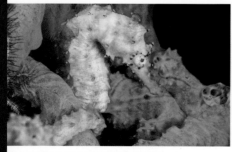

Tigertail Seahorse / *Hippocampus comes*

虎尾海马分布于西太平洋中部海域，16 cm。颊部有小棘，眼睛周围环绕着黑色斑点。

Thorny Seahorse / *Hippocampus histrix*

刺海马分布于印度洋–太平洋海域，15 cm。吻部细长，身体上有许多小棘，体色多变。

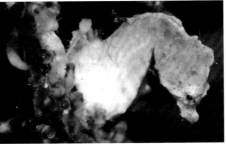

Pontoh's Pygmy Seahorse / *Hippocampus pontohi*

彭氏海马分布于西太平洋海域，1.7 cm。呈类白色，身体上散布红色丝状物。右图的赛氏海马（*Hippocampus Severnsi*）体色多变，与彭氏海马相比，通常体色更深，体形更小（5~8 mm）。

Hedgehog Seahorse / *Hippocampus spinosissimus*

棘海马分布于西太平洋海域，17 cm。呈白色或褐色，身体上有深色缘鞍状斑。

Satomi's Pygmy Seahorse / *Hippocampus satomiae*

萨氏海马分布于印度尼西亚及马来西亚海域，2 cm。身体上有极小的白色疣状突起。

Great Seahorse / *Hippocampus kelloggi*

大海马分布于印度洋–西太平洋海域，28 cm。通常栖息于水深超过 25 m 的软珊瑚上。

Common Seahorse / *Hippocampus kuda*

库达海马分布于印度洋–太平洋海域，17 cm。栖息于浅水区藻类丰富的斜坡上或潟湖中，体色多变。

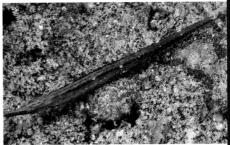

White Pipefish / *Phoxocampus* cf. *diacanthus*

双棘锥海龙（近似种）分布于太平洋海域，6 cm。眼睛下方有辐射状白色细纹。

Trunk-Barred Pipefish / *Phoxocampus tetrophthalmus*

白斑锥海龙分布于西太平洋中部海域，8 cm。呈褐色，隆脊呈锯齿状。

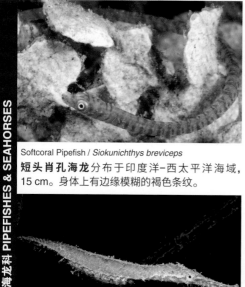

Softcoral Pipefish / *Siokunichthys breviceps*

短头肖孔海龙分布于印度洋-西太平洋海域，15 cm。身体上有边缘模糊的褐色条纹。

Mushroom-Coral Pipefish / *Siokunichthys nigrolineatus*

黑线肖孔海龙分布于西太平洋中部海域，8 cm。黑色条纹穿过眼睛。

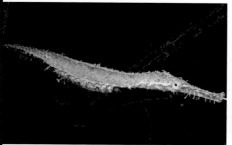

Alligator Pipefish / *Syngnathoides biaculeatus*

双棘拟海龙分布于印度洋-太平洋海域，28 cm。会模拟海草。图中的个体是正在孵卵的雄性海龙。

Shorttailed Pipefish / *Trachyrhamphus bicoarctatus*

短尾粗吻海龙分布于印度洋-西太平洋海域，40 cm。体色多变，多呈白色、黄色或黑色。

Bluespotted Cornetfish / *Fistularia commersonii*

无鳞烟管鱼属于烟管鱼科，分布于印度洋-太平洋海域，160 cm。

Grooved Razorfish / *Centriscus scutatus*

玻甲鱼属于波甲鱼科，分布于印度洋-太平洋海域，14 cm。

Razorfish / *Aeoliscus strigatus*

条纹虾鱼属于虾鱼科，分布于印度洋-西太平洋海域，15 cm。背鳍第一鳍棘呈铰链状。

Chinese Trumpetfish / *Aulostomus chinensis*

中华管口鱼分布于印度洋–太平洋海域，80 cm。尾鳍上通常有 2 个黑色斑点。与烟管鱼外形相似，但烟管鱼的身体更细长，且尾鳍长而尖。

Oriental Flying Gurnard / *Dactyloptena orientalis*

东方豹鲂鮄分布于印度洋–太平洋海域，40 cm。通常出现在泥质水底的潟湖中，成鱼通常在海草附近游动。左图中为幼鱼，12 cm。右图中为成鱼。

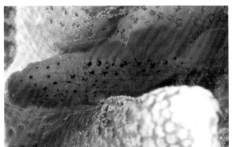

Spotted Coral Croucher / *Caracanthus maculatus*

斑点头棘鲉分布于印度洋–太平洋海域，5 cm。隐藏于分枝珊瑚中。

Pygmy Coral Croucher / *Caracanthus unipinna*

椭圆头棘鲉分布于印度洋–太平洋海域，5 cm。隐藏于分枝珊瑚中。

Twospot Lionfish / *Dendrochirus biocellatus*

双眼斑短鳍蓑鲉分布于印度洋–太平洋海域，13 cm。背鳍软条上有 2 个眼状斑。

Shortfin Lionfish / *Dendrochirus brachypterus*

短鳍蓑鲉分布于印度洋–西太平洋海域，17 cm。胸鳍上有深色条纹。

Zebra Lionfish / *Dendrochirus zebra*

花斑短鳍蓑鲉分布于印度洋–西太平洋海域，25 cm。背鳍鳍棘上有深色条纹，鳃盖上有深色斑点。

Filamentous Scorpionfish / *Hipposcorpaena filamentosus*

丝鳍马鲉分布于西太平洋海域，5 cm。身体多呈红色，吻部呈白色。

Blackfoot Lionfish / *Parapterois heterura*

异尾拟蓑鲉分布于印度洋–西太平洋海域，38 cm。胸鳍内侧呈深色，上面有蓝色条纹。

Golden Scorpionfish / *Parascorpaena aurita*

金圆鳞鲉分布于印度洋–太平洋海域，15 cm。呈斑驳的灰色，眼睛周围有深色条纹。

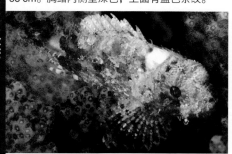

Ocellated Scorpionfish / *Parascorpaena mcadamsi*

斑鳍圆鳞鲉分布于印度洋–太平洋海域，8 cm。第一背鳍基部有明显的灰色斑点。

Mozambique Scorpionfish / *Parascorpaena mossambica*

莫桑比克圆鳞鲉分布于印度洋–太平洋海域，12 cm。身体上有深色斑块，眼睛上方有触须。

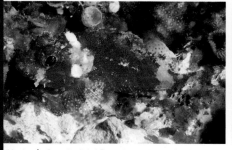

Moulton's Scorpionfish / *Parascorpaena moultoni*

莫氏圆鳞鲉分布于西太平洋中部海域，5 cm。呈红色，身体上有白色横纹。

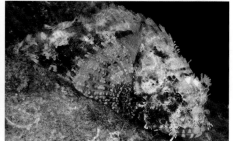

Northern Scorpionfish / *Parascorpaena picta*

花彩圆鳞鲉分布于印度洋–西太平洋海域，16 cm。唇部有横纹，虹膜上有红色条纹。

Skin-Flap Scorpionfish / *Parascorpaena* sp.

圆鳞鲉（未定种）分布于菲律宾海域，5 cm。眼睛上方有红色皮瓣。

Ruby Scorpionfish / *Parascorpaena* sp.

圆鳞鲉（未定种）分布于菲律宾海域，20 cm。发现于较深的岩礁斜坡上。新种，辨别特征尚未被描述。

Broadbarred Lionfish / *Pterois antennata*

触角蓑鲉分布于印度洋-太平洋海域，20 cm。体色多变，从褐色到浅红色不一。有深褐色横纹贯穿眼睛，胸鳍基部有深色斑点。

Devil Lionfish / *Pterois miles*

斑鳍蓑鲉分布于印度洋海域，31 cm。与魔鬼蓑鲉外形相似，这两个物种通常出现在巴厘岛海域。

Radial Lionfish / *Pterois radiata*

辐纹蓑鲉分布于印度洋-太平洋海域，24 cm。尾柄上有白色条纹。

Plaintail Lionfish / *Pterois russelii*

勒氏蓑鲉分布于印度洋-太平洋海域，27 cm。奇鳍上没有深色斑点，胸鳍上无条纹。

Red Lionfish / *Pterois volitans*

魔鬼蓑鲉分布于太平洋海域，38 cm。身体上有红色或浅褐色横纹，胸鳍上有条纹。

Ambon Scorpionfish / *Pteroidichthys amboinensis*

安汶狭蓑鲉分布于印度洋–西太平洋海域，12 cm。栖息于海草附近的泥质海床上。体色多变，常与环境融为一体。眼睛上方有明显的带分枝的皮瓣。

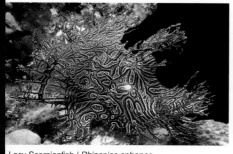

Lacy Scorpionfish / *Rhinopias aphanes*

隐居吻鲉分布于西太平洋海域，24 cm。呈黄色或绿色，身体上有深色线条组成的复杂网状斑纹。眼睛下方有亮白色斑点。通常出现在海百合附近，可能是为了模拟海百合以便隐藏自己。

Paddle-Flap Scorpionfish / *Rhinopias eschmeyeri*

埃氏吻鲉分布于印度洋–西太平洋海域，23 cm。体色多变，下颌下方有 2 根触须。

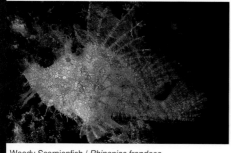

Weedy Scorpionfish / *Rhinopias frondosa*

前鳍吻鲉分布于印度洋–西太平洋海域，20 cm。体色多变，下颌下方有 9~12 根触须。

Cheekspot Scorpionfish / *Scorpaenodes evides*

日本小鲉分布于印度洋–太平洋海域，10 cm。鳃盖下部有明显的深色斑块。

Lowfin Scorpionfish / *Scorpaenodes parvipinnis*

短翅小鲉分布于印度洋–太平洋海域，8.5 cm。身体呈浅红色，局部呈白色。

Guam Scorpionfish / *Scorpaenodes guamensis*

关岛小鲉分布于印度洋–太平洋海域，13 cm。鳃盖上有浅色缘深色斑块。

Blotchfin Scorpionfish / *Scorpaenodes varipinnis*

花翅小鲉分布于印度洋–太平洋海域，8 cm。鳃盖上有深色斑块，后方有 3 根鳃盖棘。

Bluntsnout Scorpionfish / *Scorpaenopsis obtusa*

钝吻拟鲉分布于西太平洋中部海域，10 cm。体色多变，吻部钝圆。

Sculpin Scorpionfish / *Scorpaenopsis cotticeps*

杜父拟鲉分布于印度洋–西太平洋海域，7 cm。身体局部呈类白色。

Flasher Scorpionfish / *Scorpaenopsis macrochir*

大手拟鲉分布于太平洋海域，15 cm。与毒拟鲉外形相似，但体形较小，背部突起没有毒拟鲉高。

False Stonefish / *Scorpaenopsis diabolus*

毒拟鲉分布于印度洋–太平洋海域，30 cm。胸鳍内侧呈橘色，有黑色斑点。背部突起较高。

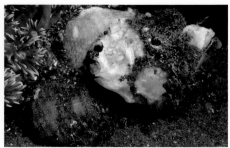

Bandfin Scorpionfish / *Scorpaenopsis vittapinna*

纹鳍拟鲉分布于印度洋-西太平洋海域，8 cm。呈斑驳的红褐色，颊部有 2 根触须。

Bandtail Scorpionfish / *Scorpaenopsis neglecta*

魔拟鲉分布于西太平洋海域，19 cm。吻部突出，眶下脊呈锯齿状。

Tassled Scorpionfish / *Scorpaenopsis oxycephala*

尖头拟鲉分布于印度洋-西太平洋海域，36 cm。颌部有穗状皮瓣，像长满了胡须。

Papuan Scorpionfish / *Scorpaenopsis papuensis*

红拟鲉分布于太平洋海域，20 cm。呈斑驳的浅红色，身体上通常有白色横纹。

Raggy Scorpionfish / *Scorpaenopsis venosa*

枕脊拟鲉分布于印度洋-西太平洋海域，25 cm。身体上有蓝色斑点。

Yellowspotted Scorpionfish / *Sebastapistes cyanostigma*

黄斑鳞头鲉分布于印度洋-太平洋海域，10 cm。栖息于杯形珊瑚上。

Spineblotch Scorpionfish / *Sebastapistes mauritiana*

斑鳍鳞头鲉分布于印度洋-太平洋海域，9 cm。呈红色，身体上有白色斑块。

Barchin Scorpionfish / *Sebastapistes strongia*

眉须鳞头鲉分布于印度洋-太平洋海域，10 cm。呈斑驳的红棕色，身体上有白色横纹。

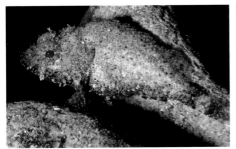

Eyebrow Scorpionfish / *Sebastapistes taeniophrys*
条纹鳞头鲉分布于印度洋-西太平洋海域，2.5 cm。呈斑驳的灰色，身体上有浅色穗状皮瓣。

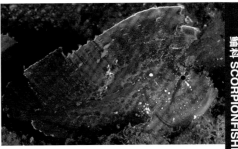

Leaf Scorpionfish / *Taenianotus triacanthus*
三棘带鲉分布于印度洋-太平洋海域，10 cm。体色多变。

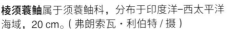

Ocellated Waspfish / *Apistus carinatus*
棱须蓑鲉属于须蓑鲉科，分布于印度洋-西太平洋海域，20 cm。（弗朗索瓦·利伯特/摄）

Darkfin Stinger / *Inimicus* cf. *didactylus*
双指鬼鲉（近似种）属于毒鲉科，分布于菲律宾内格罗斯岛海域，25 cm。胸鳍呈黑色。

Bearded Stinger / *Inimicus didactylus*
双指鬼鲉属于毒鲉科，分布于印度洋-西太平洋海域，20 cm。体色多变，从灰色到斑驳的黑色不一。胸鳍内侧可以分成 3 个区，从里到外分别是黑白辐射纹区、灰条纹区和带白色斑点的灰条纹区。

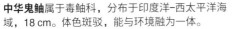

Spotted Stinger / *Inimicus sinensis*
中华鬼鲉属于毒鲉科，分布于印度洋-西太平洋海域，18 cm。体色斑驳，能与环境融为一体。

White-Tail Stinger / *Minous* sp.
虎鲉（未定种）属于毒鲉科，分布于印度尼西亚海域，5 cm。胸鳍呈类白色，有黄色宽条纹。

 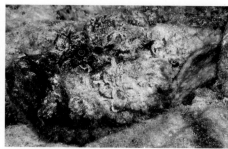

Striped Stinger / *Minous trachycephalus*

粗首虎鲉分布于印度洋-太平洋海域，12 cm。眼睛呈深蓝色，胸鳍上有浅色条纹。

Estuarine Stonefish / *Synanceia horrida*

毒鲉分布于印度洋-西太平洋海域，60 cm。眼睛下方和后方有凹洞，唇部有触须。

Reef Stonefish / *Synanceia verrucosa*

玫瑰毒鲉分布于印度洋-太平洋海域，40 cm。能模拟被藻类覆盖的岩石，很难被发现。体色多变。眼睛小，朝上。棘刺有剧毒。

Spiny Waspfish / *Ablabys macracanthus*

大棘帆鳍鲉分布于印度洋-西太平洋海域，20 cm。体色多变。能模拟枯叶，可随波摇摆。

Whiteface Waspfish / *Richardsonichthys leucogaster*

理查德森鲉分布于印度洋-西太平洋海域，10 cm。呈斑驳的红色，身体上有白色斑点。

 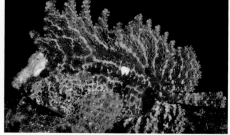

Wispy Waspfish / *Paracentropogon longispinis*

长棘拟鳞鲉分布于印度洋-西太平洋海域，13 cm。头部通常有白色宽条纹，嘴上方有一对向后的大棘刺。

Bandtail Waspfish / *Paracentropogon zonatus*

带纹拟鳞鲉分布于西太平洋海域，5 cm。身体呈浅红色或褐色，吻部多呈白色，尾鳍及尾鳍基部有类白色横纹。

Wasp-Spine Velvetfish / *Acanthosphex leurynnis*

印度单棘鲉分布于印度洋–西太平洋海域，3 cm。体色多变，能与周围环境融为一体。

Ghost Velvetfish / *Cocotropus larvatus*

魅可可鲉分布于印度洋–西太平洋海域，7 cm。呈浅褐色，鳍上有褐色斑点。

Prickly Velvetfish / *Paraploactis kagoshimensis*

鹿儿岛绒棘鲉分布于西太平洋海域，12 cm。呈深灰色或深褐色，体侧有绒质疣状突起。

Pillow Velvetfish / *Paraploactis pulvinus*

小枕绒皮鲉分布于西太平洋海域，8 cm。吻部有大触须。辨别特征暂定。

Crocodile Flathead / *Cymbacephalus beauforti*

博氏孔鲬分布于西太平洋海域，70 cm。眼睛上方有乳状突起。常见种。

Spiny Flathead / *Onigocia spinosa*

锯齿鳞鲬分布于西太平洋海域，25 cm。呈浅红褐色，身体上有白色斑块。

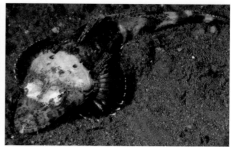

Black-Banded Flathead / *Rogadius patriciae*

派氏倒棘鲬分布于西太平洋海域，27 cm。尾鳍上有黑色斑块和条纹。

Serrated Flathead / *Rogadius serratus*

锯倒棘鲬分布于印度洋–西太平洋海域，24 cm。胸鳍呈深色，胸鳍缘呈白色。

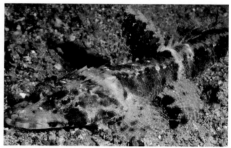

Welander's Flathead / *Rogadius welanderi*

韦氏倒棘鲬分布于印度洋–西太平洋海域，15 cm。鳍上有黄色斑点，鳍缘呈白色。

Papillose Flathead / *Sunagocia carbunculus*

煤色苏纳鲬分布于印度洋–西太平洋海域，40 cm。眼睛上方有长触须，背鳍上有深色斑点。

Celebes Flathead / *Thysanophrys celebica*

西里伯斯缝鲬分布于印度洋–西太平洋海域，20 cm。眼睛下方有深色横纹，尾柄上有深浅相间的条纹。

Longsnout Flathead / *Thysanophrys chiltonae*

窄眶缝鲬分布于印度洋–太平洋海域，22 cm。嘴唇上有深浅相间的横纹。

Redmouth Grouper / *Aethaloperca rogaa*

红嘴烟鲈分布于印度洋–西太平洋海域，60 cm。通常出现在有成群的小型鱼类的洞穴中或者悬岩下。分子鉴定表明其与九棘鲈属的鱼类亲缘关系较近。幼鱼（左图）能模拟福氏刺尻鱼。

Slender Grouper / *Anyperodon leucogrammicus*

白线光腭鲈分布于印度洋−太平洋海域，65 cm。栖息于长势良好的珊瑚礁斜坡上。分子鉴定表明其与石斑鱼属的鱼类亲缘关系较近。幼鱼（左图）能模拟雌性海猪鱼。

Rusty Grouper / *Cephalopholis aitha*

红鳍九棘鲈分布于西太平洋海域，40 cm。呈浅红色，身体上有白色斑点和深色横纹。

Peacock Grouper / *Cephalopholis argus*

斑点九棘鲈分布于印度洋−太平洋海域，60 cm。身体上有独特的彩色斑纹。

Chocolate Grouper / *Cephalopholis boenak*

横纹九棘鲈分布于印度洋−西太平洋海域，30 cm。身体上有暗色横纹，鳃盖上有深色斑块。幼鱼（左图）能模拟背纹双锯鱼。

Bluespotted Grouper / *Cephalopholis cyanostigma*

蓝点九棘鲈分布于西太平洋海域，40 cm。幼鱼（左图）与成鱼（右图）明显不同，曾经被认为是两个不同的种。

Bluelined Grouper / *Cephalopholis formosa*

蓝线九棘鲈分布于印度洋-西太平洋海域，34 cm。身体上有浅黄色纵纹。

Leopard Grouper / *Cephalopholis leopardus*

豹纹九棘鲈分布于印度洋-太平洋海域，24 cm。尾柄上部有 2 个深褐色鞍状斑。

Freckled Grouper / *Cephalopholis microprion*

细锯九棘鲈分布于西太平洋海域，25 cm。头部至胸鳍密布较小的蓝色斑点。

Blackfin Grouper / *Cephalopholis nigripinnis*

灰鳍九棘鲈分布于印度洋-太平洋海域，24 cm。鳃盖上有深色斑块，下唇上有深色斑点。

Coral Grouper / *Cephalopholis miniata*

青星九棘鲈分布于印度洋-太平洋海域，50 cm。身体呈浅红色，有很多蓝色斑点。幼鱼（左图）身体呈橘色。

Tomato Grouper / *Cephalopholis sonnerati*

索氏九棘鲈分布于印度洋-西太平洋海域，57 cm。体色多变，从浅红色到砖橙色不一。身体上布满红色斑纹。幼鱼通常呈深蓝色。

Sixblotch Grouper / *Cephalopholis sexmaculata*

六斑九棘鲈分布于印度洋-太平洋海域，50 cm。栖息于峭壁上、洞穴中或悬岩下。

Strawberry Grouper / *Cephalopholis spiloparaea*

黑缘尾九棘鲈分布于印度洋-太平洋海域，30 cm。尾鳍边缘有蓝色条纹。

Darkfin Grouper / *Cephalopholis urodeta*

尾纹九棘鲈分布于印度洋-太平洋海域，28 cm。上下尾叶均有浅色条纹。

Humpback Grouper / *Cromileptes altivelis*

驼背鲈分布于西太平洋海域，70 cm。分子鉴定表明其与石斑鱼属的鱼类亲缘关系较近。

Areolate Grouper / *Epinephelus areolatus*

宝石石斑鱼分布于印度洋-太平洋海域，40 cm。尾鳍缘呈白色。

Palemargin Grouper / *Epinephelus bontoides*

点列石斑鱼分布于西太平洋海域，30 cm。鳍缘呈黄色。

Whitespot Grouper / *Epinephelus coeruleopunctatus*

萤点石斑鱼分布于印度洋-太平洋海域，76 cm。尾柄呈浅色，尾柄上有深色横纹。

Orange-Spotted Grouper / *Epinephelus coioides*

点带石斑鱼分布于印度洋-西太平洋海域，95 cm。身体上有橘色斑点和深色 H 形斑纹。

Coral Grouper / *Epinephelus corallicola*
珊瑚石斑鱼分布于西太平洋海域，49 cm。身体上散布深色斑点，背鳍下方有深色鞍状斑。

Cloudy Grouper / *Epinephelus erythrurus*
红棕石斑鱼分布于印度洋-西太平洋海域，45 cm。身体上有深色网状斑，胸鳍呈浅色。

Blacktip Grouper / *Epinephelus fasciatus*
横条石斑鱼分布于印度洋-太平洋海域，40 cm。背鳍鳍条尖端呈黑白双色。

Brown-Marbled Grouper / *Epinephelus fuscoguttatus*
棕点石斑鱼分布于印度洋-太平洋海域，100 cm。尾柄上有黑色鞍状斑。

Highfin Grouper / *Epinephelus maculatus*
花点石斑鱼分布于太平洋海域，61 cm。身体上有明显的白色鞍状斑。左图中为幼鱼，6 cm。

Malabar Grouper / *Epinephelus malabaricus*
玛拉巴石斑鱼分布于印度洋-太平洋海域，234 cm。与点带石斑鱼外形相似，但身体上的斑点是黑色的。

Honeycomb Grouper / *Epinephelus merra*
蜂巢石斑鱼分布于印度洋-西太平洋海域，32 cm。身体上有深色斑点组成的斜行斑纹。

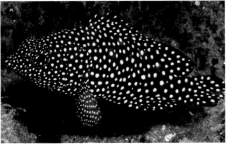

White-Streaked Grouper / *Epinephelus ongus*

纹波石斑鱼分布于印度洋-西太平洋海域，31 cm。成鱼奇鳍缘呈黑白双色，黑色区域较宽，位于白色区域内侧。左图中为幼鱼。

Camou age Grouper / *Epinephelus polyphekadion*

清水石斑鱼分布于印度洋-太平洋海域，75 cm。身体上有深褐色斑块。

Longfin Grouper / *Epinephelus quoyanus*

玳瑁石斑鱼分布于西太平洋海域，38 cm。胸鳍长，胸鳍基部前有褐色条纹。

Foursaddle Grouper / *Epinephelus spilotoceps*

吻斑石斑鱼分布于印度洋-西太平洋海域，31 cm。背部和尾柄上共有 4 个黑色鞍状斑。

Greasy Grouper / *Epinephelus tauvina*

巨石斑鱼分布于印度洋-太平洋海域，75 cm。夜间捕食。身体上有橘褐色斑点。

Wavy-Lined Grouper / *Epinephelus undulosus*

波纹石斑鱼分布于印度洋-西太平洋海域，120 cm。呈蓝色，身体上有深色线纹和斑点。

Masked Grouper / *Gracila albomarginata*

白边纤齿鲈分布于印度洋-太平洋海域，40 cm。分子鉴定表明其与九棘鲈属的鱼类亲缘关系较近。

鲙科 GROUPERS

43

Squaretail Coralgrouper / *Plectropomus areolatus*
蓝点鳃棘鲈分布于印度洋-太平洋海域，80 cm。身体上有深色缘蓝色斑点。

Blacksaddled Coralgrouper / *Plectropomus laevis*
黑鞍鳃棘鲈分布于印度洋-太平洋海域，125 cm。幼鱼（图②）在模拟有毒的横带扁背鲀。

Leopard Coralgrouper / *Plectropomus leopardus*
豹纹鳃棘鲈分布于西太平洋海域，120 cm。体色多变，身体上有较小的蓝色斑点。

Highfin Coralgrouper / *Plectropomus oligacanthus*
点线鳃棘鲈分布于印度洋-西太平洋海域，75 cm。头部有蓝色线纹。

Roving Coralgrouper / *Plectropomus pessuliferus*
蠕线鳃棘鲈分布于印度洋-西太平洋海域，120 cm。身体上有蓝色斑点和蓝色线纹。

White-Edged Lyretail Grouper / *Variola albimarginata*
白边侧牙鲈分布于印度洋-太平洋海域，65 cm。尾鳍呈新月形，边缘呈白色。

Yellowedged Lyretail Grouper / *Variola louti*
侧牙鲈分布于印度洋-太平洋海域，83 cm。栖息于峭壁或陡峭的珊瑚礁斜坡附近。尾鳍呈新月形，边缘呈亮黄色。左图中为幼鱼。

Redfin Anthias / *Pseudanthias dispar*

刺盖拟花鮨分布于太平洋海域，10 cm。尾鳍呈叉形。雄鱼（左图）腹鳍部分延长呈丝状，雌鱼（右图）腹鳍较短。

Flame Anthias / *Pseudanthias ignitus*

发光拟花鮨分布于印度洋-西太平洋海域，9 cm。与刺盖拟花鮨体形相似，但背鳍后下部呈黄色。

Two-spot Anthias / *Pseudanthias bimaculatus*

双斑拟花鮨分布于印度洋至巴厘岛海域，14 cm。雄鱼身体上有浅蓝色波纹状条纹。

Bicolor Anthias / *Pseudanthias bicolor*

双色拟花鮨分布于印度洋-太平洋海域，13 cm。身体上半部呈橘色，下半部呈淡紫色。雄鱼（右图）第二、第三背鳍鳍棘较长。

Red-Bar Anthias / *Pseudanthias cooperi*

锯鳃拟花鮨分布于印度洋-太平洋海域，14 cm。眼睛下方有白色条纹，尾鳍呈红色。

One-Stripe Anthias / *Pseudanthias fasciatus*

条纹拟花鮨分布于印度洋-太平洋海域，21 cm。身体上有一条白色缘红色纵纹。

Sunset Anthias / *Pseudanthias parvirostris*

小吻拟花鮨分布于印度洋-西太平洋海域，7 cm。尾叶呈洋红色和蓝色，背鳍缘呈蓝色。

Hutomo's Anthias / *Pseudanthias hutomoi*

哈氏拟花鮨分布于西太平洋海域，12 cm。背鳍下方有浅红色斑点。

Threadfin Anthias / *Pseudanthias huchtii*

赫氏拟花鮨分布于西太平洋至汤加海域，12 cm。雄鱼（左图）从眼睛到胸鳍基部有红色条纹。右图中为雌鱼。

Scalefin Anthias / *Pseudanthias squamipinnis*

丝鳍拟花鮨分布于印度洋-西太平洋海域，15 cm。雄鱼（右图）胸鳍上有红色斑点，雌鱼（左图）眼睛后方有紫色缘橘色条纹。复合种，印度洋海域的种群与太平洋海域的不同。

Stocky Anthias / *Pseudanthias hypselosoma*

高体拟花鮨分布于印度洋-太平洋海域，19 cm。雌鱼（左图）尾鳍尖端呈红色，雄鱼（右图）背鳍上有红色斑块。

拟花鮨亚科 BASSLETS

46

Yelloweye Anthias / *Pseudanthias lunulatus*

新月拟花鮨分布于索马里至巴厘岛海域，8 cm。背部有一个黄色缘鞍状斑。

Princess Anthias / *Pseudanthias smithvanizi*

史氏拟花鮨分布于西太平洋海域，10 cm。呈紫色，身体上密布橘色斑点，尾叶呈红色。

Squarespot Anthias / *Pseudanthias pleurotaenia*

侧带拟花鮨分布于西太平洋及密克罗尼西亚海域，20 cm。雄鱼（右图）体侧有方形斑块，雌鱼（左图）体侧有 2 条紫色纵纹。

Randall's Anthias / *Pseudanthias randalli*

伦氏拟花鮨分布于西太平洋及密克罗尼西亚海域，10 cm。雄鱼（右图）体侧和鳍缘有红色条纹，雌鱼（左图）吻部呈黄色。

Yellow-Spotted Anthias / *Pseudanthias avoguttatus*

黄点拟花鮨分布于印度洋-西太平洋海域，10 cm。通常栖息于水深 40~50 m 处。

Lori's Anthias / *Pseudanthias lori*

罗氏拟花鮨分布于印度洋-太平洋海域，12 cm。背部有红色横纹。

Purple Anthias / *Pseudanthias tuka*

静拟花鮨分布于印度洋–西太平洋海域，12 cm。雄鱼（右图）背鳍后半部有紫色斑块。雌鱼（左图）背部有黄色纵纹，尾鳍缘呈黄色。

Hawkfish Anthias / *Serranocirrhitus latus*

伊豆鳞鮨分布于西太平洋海域，13 cm。眼睛周围有辐射状橘黄色条纹。

Longfin Perchlet / *Plectranthias longimanus*

银点棘花鮨分布于印度洋–西太平洋海域，3.5 cm。尾柄上部和背鳍下方有白色斑块。

Arrowhead Soapfish / *Belonoperca chabanaudi*

查氏鱵鲈分布于印度洋–太平洋海域，15 cm。尾柄上有亮黄色鞍状斑。

Barred Soapfish / *Diploprion bifasciatum*

双带黄鲈分布于印度洋–西太平洋海域，25 cm。受到惊吓时体表会分泌有毒的黏液。

Spotted Soapfish / *Pogonoperca punctata*

斑点须鮨白天躲藏于洞穴中。成鱼身体上有黑色鞍状斑。右图中为幼鱼，2 cm。

Goldenstriped Soapfish / *Grammistes sexlineatus*

六带线纹鱼属于线纹鱼亚科，分布于印度洋–太平洋海域，30 cm。呈黑色，体侧有 6~8 条黄色纵纹。

Manyline Perch / *Liopropoma multilineatum*

多线长鲈属于长鲈亚科，分布于西太平洋海域，8 cm。

False Scorpionfish / *Centrogenys vaigiensis*

棘鳞鮨鲈属于棘鳞鮨鲈科，分布于印度洋–西太平洋海域，25 cm。

Spotted Hawkfish / *Cirrhitichthys aprinus*

斑金鳚属于鳚科，分布于印度洋–西太平洋海域，12.5 cm。鳃盖上有深色斑点。

Dwarf Hawkfish / *Cirrhitichthys falco*

鹰金鳚属于鳚科，分布于印度洋–太平洋海域，8 cm。眼睛下方有红褐色条纹。

Stocky Hawkfish / *Cirrhitus pinnulatus*

翼鳚属于鳚科，分布于印度洋–太平洋海域，30 cm。呈深灰色，身体上有白色斑块和褐色斑点。

Pixie Hawkfish / *Cirrhitichthys oxycephalus*

尖头金鳚属于鳚科，分布于印度洋–太平洋海域，9 cm。身体上有 4 排纵向排列的褐色或红色大斑点，还有许多小斑点。

Swallowtail Hawkfish / *Cyprinocirrhites polyactis*

多棘鲤鳍分布于印度洋-西太平洋海域，15 cm。背鳍上有深褐色斑点，尾鳍呈新月形。

Arceye Hawkfish / *Paracirrhites arcatus*

副鳍分布于印度洋-太平洋海域，20 cm。眼睛后方有橘色 U 形斑。

Freckled Hawkfish / *Paracirrhites forsteri*

福氏副鳍分布于印度洋-太平洋海域，22 cm。栖息于长势良好的珊瑚礁顶部。体色多变，头部密布深褐色或红色斑点。

Longnose Hawkfish / *Oxycirrhites typus*

尖吻鲻分布于印度洋–太平洋海域，13 cm。栖息于柳珊瑚或黑角珊瑚上。身体上有红色线条组成的方格纹。

Oblique-Lined Dottyback / *Cypho purpurascens*

紫红驼雀鲷分布于西太平洋海域，7.5 cm。头部有较小的浅蓝色斑点。雌鱼（左图）鳃盖上有橘色条纹。

Checkered Dottyback / *Cypho zaps*

扎帕驼雀鲷分布于西太平洋海域，5 cm。头部为橘色，头部以下为淡紫色，鳞片边缘呈蓝色。

Red Dottyback / *Labracinus cyclophthalmus*

圆眼戴氏鱼分布于西太平洋海域，24 cm。身体上有多条纵向虚线纹，通常还有 2 条浅黄色横纹。

Sabah Dottyback / *Manonichthys alleni*

艾伦氏宽鲅分布于西太平洋海域，5 cm。腹鳍上有一个深红色斑点。

Splendid Dottyback / *Manonichthys splendens*

闪光宽鲅分布于印度尼西亚海域，13 cm。腹鳍缘呈蓝色。

Longfin Dottyback / *Manonichthys polynemus*

多线宽鲦分布于印度尼西亚及帕劳海域，12 cm。眼睛下方有橘黄色三角形斑。雄鱼（左图）腹鳍基部有红色斑点。右图中为雌鱼。

Diadem Dottyback / *Pictichromis diadema*

紫红背绣雀鲷分布于西太平洋中部海域，6.2 cm。体色艳丽，易于识别。

Royal Dottyback / *Pictichromis paccagnellae*

红黄绣雀鲷分布于西太平洋海域，6 cm。

Magenta Dottyback / *Pictichromis porphyrea*

紫绣雀鲷分布于西太平洋海域，6 cm。体色艳丽，易于识别。

Gold-Browed Dottyback / *Pictichromis aurifrons*

金黄绣雀鲷分布于巴布亚新几内亚海域，6.5 cm。

Raja Ampat Dottyback / *Pseudochromis ammeri*

阿氏拟雀鲷是印度尼西亚海域拉贾安帕特群岛的特有种，6 cm。雌鱼身体上有黑色纵纹（左图），雄鱼身体上有黄色纵纹（右图）。

Two-Lined Dottyback / *Pseudochromis bitaeniatus*

双带拟雀鲷分布于印度洋－西太平洋海域，12 cm。成鱼（左图）头部呈黄色，幼鱼（右图）身体中部有浅色宽纵纹。

Brown Dottyback / *Pseudochromis fuscus*

褐拟雀鲷分布于印度洋－太平洋海域，10 cm。珊瑚三角区海域中最常见的拟雀鲷。体色多变，鳞片上有深蓝色斑点。

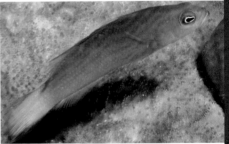

Elongate Dottyback / *Pseudochromis elongatus*

长身拟雀鲷分布于西太平洋海域，6.5 cm。橘色尾鳍上有大黑斑。

Orange-Spotted Dottyback / *Pseudochromis marshallensis*

马歇尔岛拟雀鲷分布于西太平洋海域，6 cm。鳞片上有橘色斑点。

Jaguar Dottyback / *Pseudochromis moorei*

穆兰氏拟雀鲷分布于菲律宾海域，12 cm。鳃盖上有较大的深色斑块，鳞片上有较小的深色斑点。左图中为雄鱼，右图中为雌鱼。

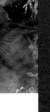

Bandit Dottyback / Pseudochromis perspicillatus
壮拟雀鲷分布于西太平洋海域，12 cm。有从吻部延伸至尾鳍的黑色条纹。

Fiery Dottyback / Pseudochromis steenei
史氏拟雀鲷分布于印度尼西亚海域，12 cm。雌鱼头部呈深灰色，有浅蓝色条纹。

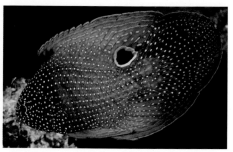

Yellow Devilfish / Assessor cf. avissimus
黄燕尾鮗（近似种）分布于巴布亚新几内亚海域，6 cm。可能是一个新种。

Comet Longfin / Calloplesiops altivelis
珍珠丽鮗分布于印度洋-太平洋海域，25 cm。白天躲藏在洞穴中或悬岩下。

Goldspecs Jawfish / Opistognathus randalli
兰氏后颌䲢分布于西太平洋海域，11 cm。珊瑚三角区海域中最常见的后颌䲢。虹膜上部有金色条纹，身体上有黄色横纹。

Solor Jawfish / Opistognathus solorensis
苏禄后颌䲢分布于西太平洋海域，9 cm。体色多变，身体上有褐色条纹组成的复杂斑纹，以及白色斑点和斑块。背鳍上的斑点颜色深浅不一。辨别特征暂定。

拟雀鲷科 DOTTYBACKS　　鮗科 LONGFINS　　后颌䲢科 JAWFISHES

54

Variable Jawfish / *Opistognathus variabilis*

多彩后颌䲁分布于印度洋-西太平洋海域，9.6 cm。体色多变，从蓝色到金色不一。身体上有深色斑点。辨别特征暂定。

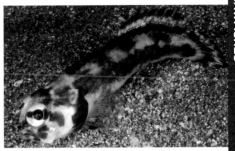

Blotched Jawfish / *Opistognathus* sp.

后颌䲁（未定种）分布于印度尼西亚海域，7 cm。呈浅绿色，身体上有深色斑。辨别特征暂定。

Stripefin Stalix / *Stalix* sp.

叉棘䲁（未定种）分布于菲律宾海域，6 cm。栖息于较浅的沙石区。尚未被描述。

Moontail Bigeye / *Priacanthus hamrur*

金目大眼鲷分布于印度洋-太平洋海域，40 cm。最常见的大眼鲷。尾鳍呈凹形，腹鳍较长。体色可瞬间从深红色变为银色。

Bloch's Bigeye / *Priacanthus blochii*

布氏大眼鲷分布于印度洋-太平洋海域，35 cm。尾鳍为圆形，腹鳍基部有黑色斑点。

Red Bigeye / *Priacanthus macracanthus*

短尾大眼鲷分布于西太平洋海域，33 cm。腹鳍密布红色斑点，腹鳍基部有一个黑色斑点。

Jarbua Terapon / *Terapon jarbua*
细鳞蝲属于蝲科，分布于印度洋-太平洋海域，36 cm。体色独特。

Striped Threadfin / *Polydactylus plebeius*
五指多指马鲅属于马鲅科，分布于印度洋-太平洋海域，45 cm。图中为幼鱼，12 cm。

Silver Sillago / *Sillago sihama*
多鳞鱚分布于西太平洋海域，31 cm。腹鳍缘呈白色。

White-Spotted Sillago / *Sillago* sp.
鱚（未定种）分布于菲律宾海域，12 cm。栖息于浅水区的沙石地上。

Transparent Cardinalfish / *Apogon crassiceps*
坚头天竺鲷分布于印度洋-太平洋海域，5 cm。大部分鳞片缘呈黑色。

Longspine Cardinalfish / *Apogon doryssa*
长棘天竺鲷分布于印度洋-太平洋海域，8 cm。第一背鳍的第二鳍棘较长。

Oblique-Banded Cardinalfish / *Apogon semiornatus*
半饰天竺鲷分布于印度洋-西太平洋海域，7.5 cm。身体上有深色宽条纹。

Weedy Cardinalfish / *Foa fo*
菲律宾腭竺鱼分布于印度洋-太平洋海域，3.5 cm。体色多变，有暗色条纹，尾柄上有 3 个白色斑点。

Bullseye Cardinalfish / *Apogonichthyoides atripes*

野似天竺鲷分布于印度尼西亚和澳大利亚海域，9 cm。

Black Cardinalfish / *Apogon melas*

黑身天竺鲷分布于西太平洋海域，10 cm。第二背鳍上有浅色缘黑色斑块。

Timor Cardinalfish / *Apogonichthyoides timorensis*

帝汶似天竺鲷分布于印度洋-西太平洋海域，7 cm。鳍呈浅黄色，眼睛下方有深色条纹。

Cryptic Cardinalfish / *Apogonichthyoides umbratilis*

五带似天竺鲷分布于印度洋-西太平洋海域，4 cm。身体上有 5 条深色横纹。

Bleeker's Cardinalfish / *Archamia bleekeri*

布氏长鳍天竺鲷分布于印度洋-西太平洋海域，9 cm。吻部呈浅黄色，尾柄上有深色斑点。

Twinspot Cardinalfish / *Taeniamia biguttata*

双斑带天竺鲷分布于西太平洋海域，9 cm。体色艳丽。

Orangelined Cardinalfish / *Taeniamia fucata*

褐斑带天竺鲷分布于印度洋-太平洋海域，10 cm。臀鳍尖端呈白色，尾柄上有深色斑块。

Duskytail Cardinalfish / *Taeniamia macroptera*

真带天竺鲷分布于印度洋-西太平洋海域，9.5 cm。尾柄呈黑色。

Girdled Cardinalfish / *Taeniamia zosterophora*

黑带天竺鲷分布于西太平洋海域，7 cm。鳃盖上有橘色横纹。

Glassy Cardinalfish / *Cercamia eremia*

玻璃梭天竺鲷分布于印度洋-西太平洋海域，5 cm。身体透明。头部呈橘色，散布斑点。

Allen's Cardinalfish / *Cheilodipterus alleni*

艾伦氏巨牙天竺鲷分布于西太平洋中部海域，13 cm。第一背鳍上有黑色斑块，尾鳍上下缘有黑色条纹。幼鱼（右图）尾柄呈黄色，尾柄上有深色斑点。

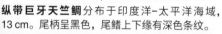

Wolf Cardinalfish / *Cheilodipterus artus*

纵带巨牙天竺鲷分布于印度洋-太平洋海域，13 cm。尾柄呈黑色，尾鳍上下缘有深色条纹。

Intermediate Cardinalfish / *Cheilodipterus intermedius*

中间巨牙天竺鲷分布于西太平洋海域，11 cm。尾柄呈白色，尾鳍上下缘有深色条纹。

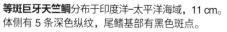

Toothy Cardinalfish / *Cheilodipterus isostigmus*

等斑巨牙天竺鲷分布于印度洋-太平洋海域，11 cm。体侧有 5 条深色纵纹，尾鳍基部有黑色斑点。

Blackstripe Cardinalfish / *Cheilodipterus nigrotaeniatus*

黑带巨牙天竺鲷分布于印度洋-太平洋海域，8 cm。尾柄上有一些黑色斑点。

天竺鲷科 CARDINALFISHES

58

Large-Toothed Cardinalfish / *Cheilodipterus macrodon*
巨牙天竺鲷分布于印度洋-太平洋海域，25 cm。尾柄呈灰白色，尾鳍上下缘有灰色条纹。右图中为幼鱼，4 cm。

Mimic Cardinalfish / *Cheilodipterus parazonatus*
副条巨牙天竺鲷分布于西太平洋海域，7 cm。能模拟饰带稀棘鳚。

Fiveline Cardinalfish / *Cheilodipterus quinquelineatus*
五带巨牙天竺鲷分布于印度洋-西太平洋海域，13 cm。与等斑巨牙天竺鲷相似，但牙齿形状不同。

Flame Cardinalfish / *Fowleria ammea*
金焰乳突天竺鲷分布于西太平洋海域，5 cm。体色艳丽。夜行性动物。

Marbled Cardinalfish / *Fowleria marmorata*
显斑乳突天竺鲷分布于印度洋-太平洋海域，9 cm。鳃盖上有浅色缘深色斑块。

White-Edged Cardinalfish / *Fowleria* sp.
乳突天竺鲷（未定种）分布于菲律宾海域，7 cm。尾鳍缘呈类白色，鳃盖上有黑色斑块。

Mottled Cardinalfish / *Fowleria vaiulae*
维拉乳突天竺鲷分布于印度洋-太平洋海域，5 cm。眼睛周围有辐射状深色条纹。

Philippine Cardinalfish / *Gymnapogon philippinus*
菲律宾裸天竺鲷分布于太平洋海域，4 cm。身体半透明，吻部有黑色斑点。

Bigeye Cardinalfish / *Nectamia bandanensis*
颊纹圣天竺鲷分布于印度洋–太平洋海域，10 cm。身体上半部颜色较深，眼睛下方有深色斑纹。

Ghost Cardinalfish / *Nectamia fusca*
褐色圣天竺鲷分布于印度洋–太平洋海域，11 cm。眼睛下方有黑色窄条纹。夜行性动物。

Multi-Barred Cardinalfish / *Nectamia luxuria*
灿烂圣天竺鲷分布于印度洋–太平洋海域，10 cm，尾鳍上下缘有黄色条纹。夜行性动物。

Samoan Cardinalfish / *Nectamia savayensis*
萨摩亚圣天竺鲷分布于印度洋–太平洋海域，10 cm。尾鳍上下缘有白色条纹，尾柄上有鞍状斑。

Bracelet Cardinalfish / *Nectamia viria*
印度尼西亚圣天竺鲷分布于西太平洋中部海域，7 cm。尾柄呈白色，尾柄上有深色宽条纹。

Striped Cardinalfish / *Ostorhinchus angustatus*
宽带鹦天竺鲷分布于印度洋–太平洋海域，11 cm。尾鳍基部有黑色斑块。

Goldbelly Cardinalfish / *Ostorhinchus apogonoides*
短牙天竺鲷分布于印度洋–西太平洋海域，10 cm。身体上有成排的蓝色斑点。

Ring-Tailed Cardinalfish / *Ostorhinchus aureus*
环尾天竺鲷分布于印度洋–西太平洋海域，15 cm。常在浅水区的珊瑚礁上形成小鱼群。

Offshore Cardinalfish / *Ostorhinchus bryx*
渊天竺鲷分布于印度洋–西太平洋海域，8 cm。身体上有从吻端延伸至尾鳍末端的褐色纵纹。

Whiteline Cardinalfish / *Ostorhinchus cavitensis*
带背天竺鲷分布于印度洋–太平洋海域，7.5 cm。背部有金色窄纵纹。

Spotgill Cardinalfish / *Ostorhinchus chrysopomus*
金盖天竺鲷分布于西太平洋海域，10 cm。鳃盖上有橘色斑点。

Yellow-Lined Cardinalfish / *Ostorhinchus chrysotaenia*
黄体天竺鲷分布于印度洋–太平洋海域，10 cm。头部有贯穿眼睛和颊部的蓝色条纹。

Ochre-Striped Cardinalfish / *Ostorhinchus compressus*
裂带天竺鲷分布于印度洋–西太平洋海域，10 cm。眼睛和唇部呈蓝色。

Cook's Cardinalfish / *Ostorhinchus cookii*
库氏天竺鲷分布于印度洋–太平洋海域，10 cm。体侧有 5 条纵纹，其中眼睛上方的纵纹不完整。

Yellow-Striped Cardinalfish / *Ostorhinchus cyanosoma*
金带天竺鲷分布于印度洋–太平洋海域，8 cm。体侧有 6 条纵纹，尾柄局部呈浅粉色。

Redspot Cardinalfish / *Ostorhinchus dispar*

箭矢天竺鲷分布于印度洋-西太平洋海域，5 cm。尾柄上有褐色斑块和白色斑点。

Faintband Cardinalfish / *Ostorhinchus franssedai*

弗氏天竺鲷分布于印度洋-西太平洋海域，7 cm。头部有 3 条浅褐色纵纹。

Hartzfeld's Cardinalfish / *Ostorhinchus hartzfeldii*

哈茨氏鹦天竺鲷分布于印度洋-太平洋海域，12 cm。头部呈黄褐色，身体上有白色纵纹。与成鱼相比，幼鱼（右图）眼睛附近的纵纹延伸至体侧。

Frostfin Cardinalfish / *Ostorhinchus hoevenii*

霍氏天竺鲷分布于印度洋-西太平洋海域，6 cm。第一背鳍后缘呈白色。

Spot-Nape Cardinalfish / *Ostorhinchus jenkinsi*

詹金斯天竺鲷分布于印度洋-太平洋海域，9 cm。背部有深色斑点，尾柄上有深色斑块。

Ri e Cardinalfish / *Ostorhinchus kiensis*

中线天竺鲷分布于西太平洋海域，8 cm。体侧有 2 条银色缘深色纵纹。

Komodo Cardinalfish / *Ostorhinchus komodoensis*

科莫多岛天竺鲷分布于西太平洋海域，10 cm。尾柄呈黑白双色。

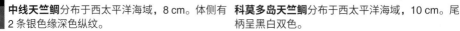

Moluccan Cardinalfish / *Ostorhinchus moluccensis*

摩鹿加天竺鲷分布于印度洋-太平洋海域，9 cm。第二背鳍下方有一个白色斑点，眼睛上下各有 1 条白色纵纹。右图中的个体体侧有深色横纹。

Yelloweye Cardinalfish / *Ostorhinchus monospilus*

单斑天竺鲷分布于印度洋-太平洋海域，8 cm。头部有穿过眼睛和颊部的蓝色纵纹。

Many-Lined Cardinalfish / *Ostorhinchus multilineatus*

多带天竺鲷分布于西太平洋海域，10 cm。头部呈褐色，有多条蓝色纵纹。鳍呈粉红色。

Mini Cardinalfish / *Ostorhinchus neotes*

少壮天竺鲷分布于西太平洋中部海域，3 cm。身体透明，尾柄上有黑色斑点。

Red-spot Cardinalfish / *Ostorhinchus parvulus*

小天竺鲷分布于西太平洋海域，4 cm。尾柄上有红色斑块。

Black-Striped Cardinalfish / *Ostorhinchus nigrofasciatus*

黑带天竺鲷分布于印度洋-太平洋海域，10 cm。身体上有黑色宽纵纹，鳍呈粉红色。

Ninestripe Cardinalfish / *Ostorhinchus novemfasciatus*

九带天竺鲷分布于太平洋海域，10 cm。身体上有延伸至尾鳍的纵纹。

Rib-Bar Cardinalfish / *Ostorhinchus pleuron*

侧带天竺鲷分布于印度洋–西太平洋海域，
10 cm。栖息于淤泥质水域中。体侧有银色横纹。

Rubyspot Cardinalfish / *Ostorhinchus rubrimacula*

棕斑天竺鲷分布于西太平洋海域，6 cm。与金带
天竺鲷外形相似。尾柄上有红色斑块。

Seale's Cardinalfish / *Ostorhinchus sealei*

西尔天竺鲷分布于印度洋–太平洋海域，10 cm。鳃盖上有 2 条浅褐色横纹。有两种体色型，一种身
体呈白色（左图），另一种身体呈浅黄色（右图）。

Meteor Cardinalfish / *Ostorhinchus selas*

亮天竺鲷分布于西太平洋海域，6 cm。尾柄上有
黑色大斑块。

Reef-Flat Cardinalfish / *Ostorhinchus taeniophorus*

褐带天竺鲷分布于印度洋–太平洋海域，11 cm。
体侧中间的深色纵纹较短且不明显。

Lateralstripe Cardinalfish / *Pristiapogon abrogramma*

美纹天竺鲷分布于印度洋–西太平洋海域，
9.5 cm。体侧有深色纵纹。

Narrowstripe Cardinalfish / *Pristiapogon exostigma*

单线天竺鲷分布于印度洋–太平洋海域，12 cm。
尾柄中间偏上的位置有深色斑点。

Iridescent Cardinalfish / *Pristiapogon kallopterus*

丽鳍天竺鲷分布于印度洋-太平洋海域，15.5 cm。左图展示了白天的体色，尾柄上有深色斑块，背鳍前缘呈黄色。右图展示了夜间的体色，背鳍前缘呈黑色。

Bridled Cardinalfish / *Pristiapogon fraenatus*

棘眼天竺鲷分布于印度洋-太平洋海域，11 cm。尾柄上有深色斑块。

Redfin Cardinalfish / *Pristicon rhodopterus*

玫鳍天竺鲷分布于西太平洋中部海域，15 cm。与三斑天竺鲷外形相似，但鳃盖上没有深色斑点。

Rufus Cardinalfish / *Pristicon rufus*

赤色天竺鲷分布于西太平洋海域，11 cm。呈浅红色，身体上有深色横纹，尾柄上有一个黑色斑点。

Three-Spot Cardinalfish / *Pristicon trimaculatus*

三斑天竺鲷分布于西太平洋海域，12 cm。鳃盖上有深色斑点。

Gelatinous Cardinalfish / *Pseudamia gelatinosa*

犬牙拟天竺鲷分布于印度洋-太平洋海域，11 cm。尾鳍呈圆形，有些个体的尾柄上有深色斑块。

Hayashi's Cardinalfish / *Pseudamia hayashii*

林氏拟天竺鲷分布于印度洋-太平洋海域，10 cm。呈浅红色，第一背鳍上有深色斑块。

65

Paddlefish Cardinalfish / *Pseudamia zonata*
黑带拟天竺鲷分布于印度洋–西太平洋海域，21 cm。图中为夜间在浅水区的洞穴中发现的个体。

Banggai Cardinalfish / *Pterapogon kauderni*
考氏鳍天竺鲷分布于印度尼西亚海域，8 cm。通常出现在海胆或分枝珊瑚附近。

Luminous Cardinalfish / *Rhabdamia gracilis*
箭天竺鲷分布于印度洋–西太平洋海域，7 cm。尾柄中间偏下的位置有较小的深色斑点。

Glassy Cardinalfish / *Rhabdamia spilota*
斑箭天竺鲷分布于西太平洋海域，6 cm。胸鳍基部上方有较小的深色斑点。

Coral Siphonfish / *Siphamia corallicola*
珊瑚管天竺鲷分布于西太平洋海域，4 cm。呈浅红色，身体上有浅色横纹。尾柄颜色较深。

Crown-of-Thorns Siphonfish / *Siphamia fuscolineata*
棕线管天竺鲷分布于西太平洋海域，4 cm。身体上有深色宽纵纹，条纹间颜色较浅。

Urchin Siphonfish / *Siphamia tubifer*
汤加管天竺鲷分布于印度洋–西太平洋海域，5 cm。通常出现在冠海胆或囊海胆附近。体色可由通体深褐色（右图）变为浅色，并且身体上有深色纵纹（左图）。

天竺鲷科 CARDINALFISHES

66

Jebb's Siphonfish / *Siphamia jebbi*

布杰氏管天竺鲷分布于印度洋-太平洋海域，2.5 cm。呈浅红色，身体上有橘色斑点。

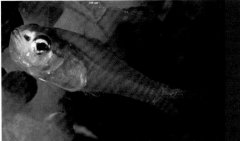

Swallowtail Cardinalfish / *Verulux cypselurus*

燕尾矛天竺鲷分布于印度洋-太平洋海域，6 cm。吻部呈浅黄色，有黑色斑点或较短的条纹。

Pajama Cardinalfish / *Sphaeramia nematoptera*

丝鳍圆天竺鲷分布于西太平洋海域，9 cm。常成群聚集在分枝珊瑚附近。

Orbiculate Cardinalfish / *Sphaeramia orbicularis*

环纹圆天竺鲷分布于印度洋-太平洋海域，10 cm。常形成小鱼群，聚集在红树林附近。

Evermann's Cardinalfish / *Zapogon evermanni*

埃氏天竺鲷分布于印度洋-太平洋海域，15 cm。栖息于洞穴中。第二背鳍后方有黑白双色斑。

Half-Barred Cardinalfish / *Fibramia thermalis*

条腹天竺鲷分布于印度洋-太平洋海域，9 cm。第一背鳍前缘呈黑色。

Fragile Cardinalfish / *Zoramia fragilis*

脆身狸天竺鲷分布于印度洋-西太平洋海域，5.5 cm。鳃盖上有蓝色斑点，尾柄上有深色斑块。

Threadfin Cardinalfish / *Zoramia leptacantha*

小棘狸天竺鲷分布于印度洋-太平洋海域，6 cm。眼睛后方有黄色缘亮蓝色横纹。

Barehead Glassfish / *Ambassis dussumieri*
杜氏双边鱼分布于印度洋–西太平洋海域，10 cm。背鳍和臀鳍基部有深色线纹。

Longspine Glassfish / *Ambassis* cf.*ambassis*
安巴双边鱼（近似种）分布于印度尼西亚海域，9 cm。尾鳍呈浅黄色，背鳍上有深色斑块。

Yellow-Spotted Tilefish / *Hoplolatilus fourmanoiri*
福氏似弱棘鱼分布于西太平洋海域，14 cm。身体上有黄色斑块。

Red-Lined Tilefish / *Hoplolatilus marcosi*
马氏似弱棘鱼分布于印度洋–太平洋海域，12 cm。体侧有一条从头部延伸至尾鳍的红色纵纹。

Stark's Tilefish / *Hoplolatilus starcki*
斯氏似弱棘鱼分布于印度洋–太平洋海域，15.5 cm。身体呈蓝色，头部和鳃盖处有蓝色区域。

Flagtail Tilefish / *Malacanthus brevirostris*
短吻弱棘鱼分布于印度洋–太平洋海域，32 cm。尾鳍上有一对黑色条纹。

Blue Tilefish / *Malacanthus latovittatus*
侧条弱棘鱼分布于印度洋–太平洋海域，45 cm。栖息于沙石质海床上和珊瑚礁顶部。尾鳍中间靠下处有白色斑点。右图中为亚成鱼，体色多变。

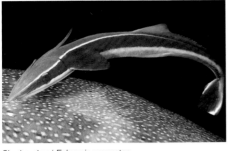

Sharksucker / *Echeneis naucrates*
鲫分布于环热带海域，110 cm。常吸附在鲨鱼、鲀（左图）、海龟（右图）或者潜水员身上。

Threadfin Trevally / *Alectis ciliaris*
丝鲹分布于印度洋-太平洋海域，130 cm。呈银色，有蓝色金属光泽。

Yellowtail Scad / *Atule mate*
游鳍叶鲹分布于印度洋-太平洋海域，30 cm。尾鳍呈浅黄色，眼睛正后方的鳃盖上有深色斑点。

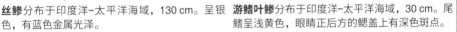

Orange-Spotted Trevally / *Carangoides bajad*
橘点若鲹分布于印度洋-太平洋海域，55 cm。身体上密布黄色斑点。体色可由左图的颜色变为右图的亮黄色。

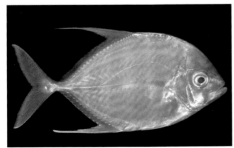

Longnose Trevally / *Carangoides chrysophrys*
长吻若鲹分布于印度洋-太平洋海域，72 cm。体色从银色到蓝绿色不一，背鳍较长。

Coastal Trevally / *Carangoides coeruleopinnatus*
青羽若鲹分布于印度洋-太平洋海域，41 cm。身体上有黄色斑点，鳃盖上有深色斑块。

Blue Trevally / *Carangoides ferdau*
平线若鲹分布于印度洋-太平洋海域，70 cm。呈银色，身体上有数条灰色横纹。

Yellowspotted Trevally / *Carangoides fulvoguttatus*
黄点若鲹分布于印度洋-西太平洋海域，100 cm。身体中后部有深色斑块。

Coachwhip Trevally / *Carangoides* cf. *oblongus*
卵圆若鲹（近似种）分布于印度洋-太平洋海域，72 cm。第二背鳍有延长呈丝状的鳍条。

Blacktip Trevally / *Caranx heberi*
希伯氏鲹分布于印度洋-西太平洋海域，88 cm。尾鳍呈浅黄色，身体上半部颜色略深。

Longfin Trevally / *Carangoides armatus*
甲若鲹分布于印度洋-西太平洋海域，58 cm。幼鱼和亚成鱼的体侧有暗色横纹，最明显的一条褐色横纹穿过眼睛。通常出现在大型鲀鱼附近。辨别特征暂定。

Giant Trevally / *Caranx ignobilis*
珍鲹分布于印度洋-西太平洋海域，165 cm。背缘轮廓陡斜。

Bluefin Trevally / *Caranx melampygus*
黑尻鲹分布于印度洋-太平洋海域，100 cm。身体呈浅蓝色，体表密布深色斑点。

Bigeye Trevally / *Caranx sexfasciatus*

六带鲹分布于印度洋-太平洋海域，85 cm。常成群出现。鳃盖上角有黑色斑点。

Rainbow Runner / *Elagatis bipinnulata*

纺锤鲕分布于印度洋-太平洋及大西洋海域，105 cm。有从吻部到尾鳍的浅蓝色纵纹。

Golden Trevally / *Gnathanodon speciosus*

无齿鲹分布于印度洋-太平洋海域，120 cm。身体上有数条横纹。幼鱼（右图）呈亮黄色，常与海龟、儒艮、鲨鱼一同出现。成鱼（左图）身体大部分呈银色，仅鳍呈黄色。

Talang Queenfish / *Scomberoides commersonnianus*

康氏似鲹分布于印度洋-西太平洋海域，120 cm。上颌末端延伸至眼后。

Doublespotted Queenfish / *Scomberoides lysan*

长颌似鲹分布于印度洋-太平洋海域，110 cm。身体侧线上下均有深色斑块。

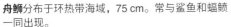

Pilotfish / *Naucrates ductor*

舟鲕分布于环热带海域，75 cm。常与鲨鱼和蝠鲼一同出现。

Oxeye Scad / *Selar boops*

牛目凹肩鲹分布于太平洋海域，26 cm。鳃盖上有一个深色斑点，体侧有一条黄色纵纹。

Yellowstripe Scad / *Selaroides leptolepis*

金带细鲹分布于印度洋-西太平洋海域，22 cm。
腹鳍缘呈白色，其他鳍颜色从浅色到暗黄色不一。

Blackbanded Trevally / *Seriolina nigrofasciata*

黑纹小条鲕分布于印度洋-西太平洋海域，70 cm。
通常出现在较浅的潟湖中。图中为幼鱼。

Smallspotted Dart / *Trachinotus baillonii*

斐氏鲳鲹分布于印度洋-太平洋海域，60 cm。体
侧有深色斑点，鳍缘呈深色。

Snubnose Dart / *Trachinotus blochii*

布氏鲳鲹分布于印度洋-太平洋海域，92 cm。吻
部钝圆，鳍呈浅黄色。

Toothpony / *Gazza minuta*

小牙鲾属于鲾科，分布于印度洋-太平洋海域，
21 cm。身体上有不规则的深黄色斑块。

Smalltooth Jobfish / *Aphareus furca*

叉尾鲷属于笛鲷科，分布于印度洋-太平洋海域，
70 cm。腹部呈蓝灰色，有银色光泽。

Green Jobfish / *Aprion virescens*

蓝短鳍笛鲷属于笛鲷科，分布于印度洋-太平洋海
域，122 cm。呈浅绿色，背鳍上有深色斑纹。

Mangrove Red Snapper / *Lutjanus argentimaculatus*

紫红笛鲷属于笛鲷科，分布于印度洋-西太平洋海
域，120 cm。呈浅红色，腹部呈银色。

Bengal Snapper / *Lutjanus bengalensis*

孟加拉国湾笛鲷分布于印度洋–西太平洋海域，30 cm。体侧有 4 条亮蓝色纵纹，奇鳍呈黄色。

Twospot Snapper / *Lutjanus biguttatus*

双斑笛鲷分布于印度洋–太平洋海域，20 cm。背部有褐色宽纵纹，纵纹上方有 2 个白色斑点。

Red Snapper / *Lutjanus bohar*

白斑笛鲷分布于印度洋–太平洋海域，75 cm。成鱼胸鳍缘颜色较深。幼鱼（右图）背鳍下方有 2 个明显的银色斑块。

Moluccan Snapper / *Lutjanus boutton*

蓝带笛鲷分布于西太平洋海域，28 cm。头部呈浅红色。

Spanish Flag Snapper / *Lutjanus carponotatus*

胸斑笛鲷分布于印度洋–西太平洋海域，35 cm。鳍呈黄色，胸鳍基部有黑色斑块。

Checkered Snapper / *Lutjanus decussatus*

斜带笛鲷分布于印度洋–西太平洋海域，35 cm。身体上有独特的方格状斑纹。

Ehrenberg's Snapper / *Lutjanus ehrenbergii*

埃氏笛鲷分布于印度洋–西太平洋海域，35 cm。身体上有 4~5 条黄色窄纵纹和 1 个黑色圆形斑块。

Blacktail Snapper / *Lutjanus fulvus*

焦黄笛鲷分布于印度洋–太平洋海域，40 cm。腹鳍和臀鳍呈黄色。

Humpback Red Snapper / *Lutjanus gibbus*

隆背笛鲷分布于印度洋–太平洋海域，50 cm。鳍呈红褐色。

Bluestripe Snapper / *Lutjanus kasmira*

四线笛鲷分布于印度洋–太平洋海域，35 cm。体侧有 4 条蓝色纵纹，腹部有略呈浅灰色的纵纹。

Bigeye Snapper / *Lutjanus lutjanus*

正笛鲷分布于印度洋–太平洋海域，30 cm。呈浅色，体侧有亮黄色纵纹。

Yellowfin Snapper / *Lutjanus xanthopinnis*

黄鳍笛鲷分布于西太平洋海域，30 cm。与分布于印度洋的前鳞笛鲷外形相似。身体上有黄褐色纵纹。

Onespot Snapper / *Lutjanus monostigma*

单斑笛鲷分布于印度洋–太平洋海域，60 cm。眼睛呈红色，鳍呈黄色，身体上有黑斑。

Golden-Lined Snapper / *Lutjanus rufolineatus*

红纹笛鲷分布于印度洋–西太平洋海域，30 cm。头部呈粉红色，鳍呈黄色。

Five-Lined Snapper / *Lutjanus quinquelineatus*

五线笛鲷分布于印度洋–西太平洋海域，30 cm。呈黄色，体侧有 5 条亮蓝色纵纹。

Speckled Snapper / *Lutjanus rivulatus*

蓝点笛鲷分布于印度洋-太平洋海域，80 cm。除尾鳍外，其他鳍呈黄色，尾鳍仅边缘呈黄色。幼鱼（右图）身体上有深色横纹和白色斑块。

Red Emperor Snapper / *Lutjanus sebae*

千年笛鲷分布于印度洋-西太平洋海域，80 cm。幼鱼（右图）和较小的成鱼（左图）身体上有3条暗红色条纹，较大的成鱼呈浅红色或粉色。

Russell's Snapper / *Lutjanus russellii*

勒氏笛鲷分布于西太平洋海域，45 cm。体色多变，身体后部有黑色斑块。

Black-Banded Snapper / *Lutjanus semicinctus*

黑纹笛鲷分布于西太平洋海域，35 cm。栖息于长势良好的珊瑚礁斜坡处。

Timor Snapper / *Lutjanus timoriensis*

蒂摩笛鲷分布于西太平洋海域，50 cm。尾柄上有白色鞍状斑。

Fusilier Snapper / *Paracaesio sordida*

冲绳若梅鲷分布于印度洋-西太平洋海域，48 cm。成群栖息于深水区的珊瑚礁斜坡处。

Black And White Snapper / *Macolor niger*
黑背羽鳃笛鲷分布于印度洋-太平洋海域，75 cm。成鱼（右图）呈深灰色，幼鱼（左图，3 cm）呈黑白双色。

Midnight Snapper / *Macolor macularis*
斑点羽鳃笛鲷分布于西太平洋海域，60 cm。成鱼（右图）头部呈浅黄色，其他地方呈深灰色。较小的幼鱼（左图，3 cm）有明显的黑白双色斑块。

斑点羽鳃笛鲷幼鱼，18 cm。呈灰褐色，身体上有白色斑块。

Sailfin Snapper / *Symphorichthys spilurus*
帆鳍笛鲷分布于西太平洋海域，60 cm。身体前部有 2 条橘色横纹，尾柄上有深色斑块。

Scissortail Fusilier / *Caesio caerulaurea*
褐梅鲷分布于印度洋-西太平洋海域，35 cm。上下尾叶均有深色条纹。

Redbelly Yellowtail Fusilier / *Caesio cuning*
黄尾梅鲷分布于印度洋-西太平洋海域，60 cm。背鳍后部至尾鳍呈黄色。

Lunar Fusilier / *Caesio lunaris*

新月梅鲷分布于印度洋-西太平洋海域，40 cm。尾鳍大部分呈蓝色，尾鳍尖端呈黑色。

Yellow-Tail Fusilier / *Caesio teres*

黄蓝背梅鲷分布于印度洋-西太平洋海域，40 cm。尾鳍和背部后半部呈黄色。

Variable-Lined Fusilier / *Caesio varilineata*

多带梅鲷分布于印度洋-西太平洋海域，40 cm。尾鳍尖端呈黑色，体侧有 4~5 条黄色纵纹。

Yellowback Fusilier / *Caesio xanthonota*

黄背梅鲷分布于印度洋-西太平洋海域，40 cm。身体上半部和尾鳍呈黄色。

Goldband Fusilier / *Pterocaesio chrysozona*

金带鳞鳍梅鲷分布于印度洋-西太平洋海域，21 cm。身体上有黄色宽纵纹，尾鳍尖端呈红色。

Double-Lined Fusilier / *Pterocaesio digramma*

双带鳞鳍梅鲷分布于西太平洋海域，21 cm。体侧有 2 条黄色纵纹，尾鳍尖端呈黑色。

Banana Fusilier / *Pterocaesio pisang*

斑尾鳞鳍梅鲷分布于印度洋-西太平洋海域，21 cm。眼睛和吻部呈黄色，尾鳍尖端呈红色。

Randall's Fusilier / *Pterocaesio randalli*

伦氏鳞鳍梅鲷分布于印度洋-西太平洋海域，25 cm。眼睛后方有亮黄色斑块，尾鳍尖端呈黑色。

One-Stripe Fusilier / *Pterocaesio tessellata*

单带鳞鳍梅鲷分布于印度洋-太平洋海域，25 cm。身体上沿侧线有一条黄色纵纹。

Three-Stripe Fusilier / *Pterocaesio trilineata*

三带鳞鳍梅鲷分布于印度洋-太平洋海域，20 cm。背部有 3 条浅褐色纵纹，尾鳍尖端呈红色。

Dark-Banded Fusilier / *Pterocaesio tile*

黑带鳞鳍梅鲷分布于印度洋-太平洋海域，30 cm。胸鳍基部有黑色斑块，尾叶上有深色条纹。右图展示了夜间的体色，身体下半部呈红色。

Whipfin Silverbiddy / *Gerres filamentosus*

长棘银鲈分布于印度洋-太平洋海域，30 cm。第二背鳍鳍棘延长呈丝状。

Deepbody Silverbiddy / *Gerres erythrourus*

红尾银鲈分布于印度洋-西太平洋海域，30 cm。腹鳍和臀鳍呈黄色，尖端呈白色。

Slender Silverbiddy / *Gerres oblongus*

长圆银鲈分布于印度洋-太平洋海域，34 cm。腹鳍和臀鳍呈浅色，鳍缘呈白色。

Strongspine Silverbiddy / *Gerres longirostris*

长吻银鲈分布于印度洋-太平洋海域，44 cm。尾鳍缘呈黑色。

梅鲷科 FUSILIERS

银鲈科 SILVERBELLIES

Blacktip Silverbiddy / *Gerres oyena*

奥奈银鲈分布于印度洋-太平洋海域，24 cm。呈银色，背鳍尖端呈黑色。右图展示了夜间的体色，身体上有深色斑块。

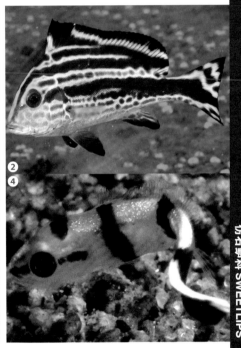

① ②
③ ④

Painted Sweetlips / *Diagramma pictum*

密点少棘胡椒鲷分布于印度洋-西太平洋海域，90 cm。图①中为成鱼，呈蓝灰色。图②的幼鱼体长20 cm。图③中的幼鱼体长9 cm，身体上有黑色纵纹。图④中为极小的幼鱼，体长4 cm。

Blackfin Sweetlips / *Diagramma melanacrum*

黑鳍少棘胡椒鲷分布于西太平洋海域，50 cm。腹鳍和臀鳍呈黑色，尾鳍下缘呈黑色。左图中为亚成鱼，右图中为较小的成鱼。

Giant Sweetlips / *Plectorhinchus albovittatus*
白带胡椒鲷分布于印度洋-西太平洋海域，100 cm。第一背鳍呈黄色。

Harlequin Sweetlips / *Plectorhinchus chaetodonoides*
斑胡椒鲷分布于印度洋-西太平洋海域，60 cm。成鱼胸鳍和腹鳍颜色较深。

斑胡椒鲷幼鱼（左图）通过扭动身体来模拟有毒的扁形虫。右图中为较大的幼鱼。

Goldlined Sweetlips / *Plectorhinchus chrysotaenia*
黄纹胡椒鲷分布于西太平洋海域，51 cm。呈银色，身体上有黄色纵纹，鳍呈黄色。

Yellow-Spotted Sweetlips / *Plectorhinchus avomaculatus*
黄点胡椒鲷分布于印度洋-西太平洋海域，60 cm。头部有纵纹，身体上有斑点。

Lined Sweetlips / *Plectorhinchus lineatus*
条纹胡椒鲷分布于西太平洋海域，50 cm。成鱼（左图）有黑色斜纹，幼鱼（右图）有纵纹。

仿石鲈科 SWEETLIPS

Humpback Sweetlips / *Plectorhinchus gibbosus*

驼背胡椒鲷分布于印度洋-西太平洋海域，75 cm。呈深灰色，颊部和鳃盖缘呈深色。

Ribbon Sweetlips / *Plectorhinchus polytaenia*

六孔胡椒鲷分布于印度洋-西太平洋海域，40 cm。成鱼的鳍呈黄色。

六孔胡椒鲷亚成鱼（右图）的尾鳍和背鳍软条上有浅褐色条纹。较大的幼鱼（左图）呈深灰褐色，身体上有浅色纵纹。

Oriental Sweetlip / *Plectorhinchus vittatus*

条斑胡椒鲷分布于印度洋-西太平洋海域，72 cm。成鱼（左图）有纵纹，身体两侧的纵纹在吻端相连。幼鱼（右图）身体上有黑白相间的斑块。

Forktail Threadfin Bream / *Nemipterus furcosus*

横斑金线鱼分布于印度洋-太平洋海域，24 cm。成鱼呈银色，尾鳍呈叉形。幼鱼呈粉褐色。

Yellowstripe Whiptail / *Pentapodus aureofasciatus*

黄带锥齿鲷分布于西太平洋海域，25 cm。身体上有浅黄色宽纵纹，吻部有蓝色条纹。

Small-Toothed Whiptail / *Pentapodus caninus*

犬牙锥齿鲷分布于西太平洋海域，25 cm。呈蓝色，体侧有 2 条黄色纵纹。图中为幼鱼。

Double Whiptail / *Pentapodus emeryii*

艾氏锥齿鲷分布于西太平洋海域，20 cm。成鱼尾鳍呈叉形，上下叶延长呈丝状。图中为幼鱼。

Papuan Whiptail / *Pentapodus numberii*

努氏锥齿鲷分布于西太平洋海域，25 cm。头部有蓝色纵纹。尾鳍呈叉形，上下叶延长呈丝状。

Butter y Whiptail / *Pentapodus setosus*

线尾锥齿鲷分布于西太平洋海域，25 cm。尾鳍上叶延长呈丝状。

Paradise Whiptail / *Pentapodus paradiseus*

长尾锥齿鲷分布于西太平洋海域，25 cm。幼鱼（左图）有褐色和黄色纵纹。成鱼（右图）呈灰色，身体上有深褐色宽纵纹，吻部有 3 条浅蓝色条纹。

Three-Striped Whiptail / *Pentapodus trivittatus*

三带锥齿鲷分布于西太平洋海域，28 cm。体色斑纹可变。体侧有 3 条褐色宽纵纹（右图）；或者呈银色，身体上有橘色条纹（左图）。

Large-Eyed Monocle Bream / *Scolopsis affinis*

乌面眶棘鲈分布于西太平洋海域，25 cm。体色多变，有时身体上会出现褐色宽纵纹（左图）。尾鳍呈黄色，身体上半部有成排的深色斑点（右图）。

Yellowstripe Monocle Bream / *Scolopsis aurata*

黄纹眶棘鲈分布于印度洋-太平洋海域，28 cm。黄色宽纵纹延伸至吻部，渐变成灰色。

Oblique-Bar Monocle Bream / *Scolopsis xenochrous*

榄斑眶棘鲈分布于印度洋-西太平洋海域，22 cm。头部后方有蓝色斜纹。

Two-Lined Monocle Bream / *Scolopsis bilineata*

双带眶棘鲈分布于印度洋-西太平洋海域，25 cm。成鱼（左图）呈银灰色，身体上有红色缘白色弧形条纹。亚成鱼（右图）有黑黄相间的纵纹。

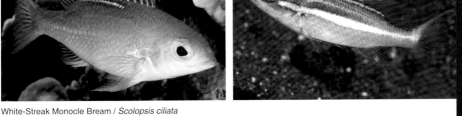

White-Streak Monocle Bream / *Scolopsis ciliata*

齿颌眶棘鲈分布于印度洋-西太平洋海域，25 cm。成鱼（左图）眼睛呈黄色，背鳍下方有白色纵纹。右图中为幼鱼。

Pearly Monocle Bream / *Scolopsis margaritifera*
珠斑眶棘鲈分布于西太平洋海域，26 cm。成鱼（左图）身体中线下方有成排的黄色斑点。幼鱼（右图）能模拟有毒的稀棘鳚。

Rainbow Monocle Bream / *Scolopsis monogramma*
单带眶棘鲈分布于印度洋-西太平洋海域，38 cm。颊部有浅蓝色 H 形斑。

Three-Lined Monocle Bream / *Scolopsis trilineata*
三带眶棘鲈分布于西太平洋海域，25 cm。身体上半部呈灰色，有 3 条白色纵纹。

Whiteband Monocle Bream / *Scolopsis torquata*
白颊眶棘鲈分布于西太平洋海域，20 cm。尾部呈浅色，其他鳍呈浅红色。

Whitecheek Monocle Bream / *Scolopsis vosmeri*
伏氏眶棘鲈分布于印度洋-西太平洋海域，20 cm。尾部和鳍呈黄色。

Striped Monocle Bream / *Scolopsis lineata*
线纹眶棘鲈分布于印度洋-西太平洋海域，25 cm。体侧上半部有 3 条不规则的灰褐色纵纹（右图），或者身体上有棋盘状斑纹（左图）。

金线鱼科 SPINECHEEKS

Striped Large-Eye Bream / *Gnathodentex aureolineatus*

金带齿颌鲷分布于印度洋-太平洋海域，30 cm。背鳍后半部的下方有黄色斑块。

Bluelined Large-Eye Bream / *Gymnocranius grandoculis*

蓝线裸顶鲷分布于印度洋-太平洋海域，80 cm。吻部有蓝色条纹。图中为亚成鱼。

Grey Large-Eye Bream / *Gymnocranius griseus*

灰裸顶鲷分布于印度洋-太平洋海域，35 cm。呈银色，身体上有深色横纹。图中为较大的幼鱼。

Longfin Emperor / *Lethrinus erythropterus*

赤鳍裸颊鲷分布于印度洋-太平洋海域，50 cm。尾柄上有 2 条浅色横纹。

Orange-Spotted Emperor / *Lethrinus erythracanthus*

红棘裸颊鲷分布于印度洋-太平洋海域，70 cm。成鱼（左图）尾鳍多呈橘红色或黄色。幼鱼（右图）有白色窄纵纹。

Thumbprint Emperor / *Lethrinus harak*

黑点裸颊鲷分布于印度洋-西太平洋海域，60 cm。身体上有较大的黑色斑块，斑块大多不明显。

Pink Ear Emperor / *Lethrinus lentjan*

扁裸颊鲷分布于印度洋-西太平洋海域，52 cm。鳃盖后缘呈红色。

Smalltooth Emperor / *Lethrinus microdon*

小齿裸颊鲷分布于印度洋-西太平洋海域，80 cm。眼睛周围有 3 条辐射状深色条纹。

Ornate Emperor / *Lethrinus ornatus*

短吻裸颊鲷分布于印度洋-西太平洋海域，40 cm。颊部和鳃盖缘呈红色。

Spangled Emperor / *Lethrinus nebulosus*

星斑裸颊鲷分布于印度洋-西太平洋海域，87 cm。成鱼（右图）眼睛周围有辐射状蓝色条纹，部分鳞片上有蓝色斑点。左图中为幼鱼。

Orange-Striped Emperor / *Lethrinus obsoletus*

橘带裸颊鲷分布于印度洋-太平洋海域，50 cm。成鱼从胸鳍至尾鳍有橘黄色纵纹（左图）。右图中为体色斑驳的个体。

Longface Emperor / *Lethrinus olivaceus*

尖吻裸颊鲷分布于印度洋-太平洋海域，100 cm。游速较快的大型鱼类。吻部长，呈灰色。颌后部边缘和嘴角处多呈红色（左图）。

Drab Emperor / *Lethrinus ravus*

黄褐裸颊鲷分布于西太平洋海域，25 cm。呈灰色，但从吻部到身体中部多呈黄色。

Spotcheek Emperor / *Lethrinus rubrioperculatus*

红裸颊鲷分布于印度洋-太平洋海域，50 cm。鳃盖上有红色斑点。

Blackblotch Emperor / *Lethrinus semicinctus*

半带裸颊鲷分布于印度洋-西太平洋海域，35 cm。成鱼（右图）呈灰色，身体后半部 2 条浅蓝色纵纹之间有黑色斑块。左图中为幼鱼。

Bigeye Emperor / *Monotaxis grandoculis*

单列齿鲷分布于印度洋-太平洋海域，60 cm。成鱼（左图）呈浅灰蓝色，唇部颜色从黄色到浅粉色不一。较大的幼鱼（右图）有 3 个明显的黑色鞍状斑。

Redfin Emperor / *Monotaxis heterodon*

红鳍单列齿鲷分布于印度洋-西太平洋海域，35 cm。与单列齿鲷外形相似，但身体上的白色横纹更窄，鳍更红。右图中为幼鱼。

Yellowstripe Goatfish / *Mulloidichthys avolineatus*

黄带拟羊鱼分布于印度洋-太平洋海域，43 cm。身体上有黄色纵纹，纵纹上有褐色斑块。鳍的颜色从类白色到浅黄色不一。左图展示了夜间的体色。

Yellowfin Goatfish / *Mulloidichthys vanicolensis*

无斑拟羊鱼分布于印度洋-太平洋海域，38 cm。身体上的黄色纵纹上无黑色斑点。

Bicolor Goatfish / *Parupeneus barberinoides*

似条斑副绯鲤分布于西太平洋海域，30 cm。身体前半部呈浅红褐色。

Dot-Dash Goatfish / *Parupeneus barberinus*

条斑副绯鲤分布于印度洋-太平洋海域，53 cm。尾柄上有黑色圆形斑块。

Doublebar Goatfish / *Parupeneus crassilabris*

粗唇副绯鲤分布于印度洋-西太平洋海域，38 cm。两个背鳍下方均有深色宽横纹。

Yellowsaddle Goatfish / *Parupeneus cyclostomus*

圆口副绯鲤分布于印度洋-太平洋海域，50 cm。有两种体色型，一种呈浅蓝灰色，尾柄上有黄色鞍状斑（左图）；另一种呈亮黄色（右图）。

Cinnabar Goatfish / *Parupeneus heptacanthus*
七棘副绯鲤分布于印度洋-西太平洋海域，36 cm。胸鳍上方有浅红色斑点。右图展示了夜间的体色。

Indian Goatfish / *Parupeneus indicus*
印度副绯鲤分布于印度洋-太平洋海域，35 cm。尾柄上有黑色斑块，身体上有黄色椭圆形斑块。

Longbarbel Goatfish / *Parupeneus macronemus*
大丝副绯鲤分布于印度洋-西太平洋海域，32 cm。眼睛后方有深色宽纵纹。

Manybar Goatfish / *Parupeneus multifasciatus*
多带副绯鲤分布于太平洋海域，30 cm。尾柄上和第二背鳍下方各有一个明显的深色鞍状斑，眼睛后方有深色斑块。

Sidespot Goatfish / *Parupeneus pleurostigma*
黑斑副绯鲤分布于印度洋-太平洋海域，33 cm。第一背鳍后部下方有深色斑块。

Ochrebanded Goatfish / *Upeneus sundaicus*
黄尾绯鲤分布于印度洋-西太平洋海域，14 cm。眼睛下方有红色宽横纹。

羊鱼科 GOATFISHES

89

Freckled Goatfish / *Upeneus tragula*

黑斑绯鲤分布于印度洋-西太平洋海域，25 cm。身体上的深红色纵纹从眼睛延伸至尾柄。左图中为幼鱼，4 cm。

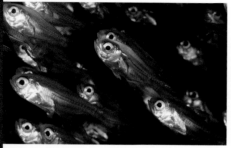

Golden Sweeper / *Parapriacanthus ransonneti*

红海副单鳍鱼分布于西太平洋海域，10 cm。头部和胸部呈黄色。

Dusky Sweeper / *Pempheris adusta*

暗单鳍鱼分布于印度洋-西太平洋海域，17 cm。臀鳍无黑色缘。

Black-Stripe Sweeper / *Pempheris schwenkii*

银腹单鳍鱼分布于太平洋海域，15 cm。臀鳍基部有黑色条纹。

Vanikoro Sweeper / *Pempheris vanicolensis*

黑缘单鳍鱼分布于印度洋-西太平洋海域，18 cm。尾鳍缘和臀鳍缘呈黑色。

Silver Mono / *Monodactylus argenteus*

银大眼鲳属于大眼鲳科，分布于印度洋-太平洋海域，20 cm。鳍呈浅黄色，身体其他地方呈银色。

Spotted Scat / *Scatophagus argus*

金钱鱼属于金钱鱼科，分布于印度洋-太平洋海域，38 cm。身体呈浅绿色，体表有深色圆形斑块。

Topsail Chub / *Kyphosus cinerascens*
长鳍鲍分布于印度洋-太平洋海域，50 cm。臀鳍后缘与背鳍后缘可连成一条直线。

Lowfin Chub / *Kyphosus vaigiensis*
低鳍鲍分布于印度洋-太平洋海域，60 cm。臀鳍后缘与尾鳍上缘可连成一条直线，身体上有纵纹。

Panda Butter yfish / *Chaetodon adiergastos*
项斑蝴蝶鱼分布于西太平洋海域，20 cm。头部有黑色椭圆形斑块。

Andaman Butter yfish / *Chaetodon andamanensis*
安达曼岛蝴蝶鱼分布于印度洋海域，15 cm。头部有黑色条纹，尾柄上有黑色斑块。

Threadfin Butter yfish / *Chaetodon auriga*
丝蝴蝶鱼分布于印度洋-太平洋海域，23 cm。成鱼（右图）身体上有方向不同的斜纹，背鳍顶部有黑色斑块。左图中为幼鱼。

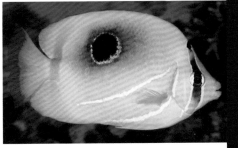

Burgess' Butter yfish / *Chaetodon burgessi*
柏氏蝴蝶鱼分布于西太平洋海域，14 cm。通常栖息于水深超过 40 m 的较深水域。

Bluelashed Butter yfish / *Chaetodon bennetti*
双丝蝴蝶鱼分布于印度洋-太平洋海域，18 cm。背部有黑色圆形大斑块。

Peppered Butter yfish / *Chaetodon guttatissimus*
绿侧蝴蝶鱼分布于印度洋海域，12 cm。尾柄上有橘色横纹。

Speckled Butter yfish / *Chaetodon citrinellus*
密点蝴蝶鱼分布于印度洋-太平洋海域，13 cm。黑色条纹穿过眼睛，身体上有成排的蓝色斑点。

Redtail Butter yfish / *Chaetodon collare*
领蝴蝶鱼分布于印度洋-西太平洋海域，16 cm。尾柄呈红色。

Black-Finned Butter yfish / *Chaetodon decussatus*
横纹蝴蝶鱼分布于印度洋-太平洋海域，20 cm。背鳍后部至臀鳍后部呈黑色。

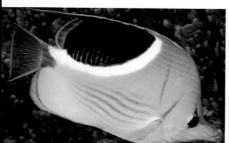

Saddled Butter yfish / *Chaetodon ephippium*
鞭蝴蝶鱼分布于印度洋-太平洋海域，30 cm。身体上有白色缘黑色大斑块。

Saddleback Butter yfish / *Chaetodon falcula*
纹带蝴蝶鱼分布于印度洋-西太平洋海域，20 cm。身体上有 2 个明显的黑色鞍状斑。

Oval Butter yfish / *Chaetodon lunulatus*
弓月蝴蝶鱼分布于太平洋海域，15 cm。尾柄上无条纹。

Melon Butter yfish / *Chaetodon trifasciatus*
三带蝴蝶鱼分布于印度洋-太平洋海域，15 cm。尾柄上有橘色条纹，身体局部呈浅蓝色。

Sunburst Butter yfish / *Chaetodon kleinii*

珠蝴蝶鱼分布于印度洋–太平洋海域，14 cm。呈浅褐色，头部有蓝黑色横纹。多形成小群体活动。左图展示了夜间的体色。

Lined Butter yfish / *Chaetodon lineolatus*

细纹蝴蝶鱼分布于印度洋–太平洋海域，30 cm。头部有黑色宽横纹。

Spot-Nape Butter yfish / *Chaetodon oxycephalus*

尖头蝴蝶鱼分布于印度洋–太平洋海域，25 cm。头部有断开的黑色宽横纹。

Atoll Butter yfish / *Chaetodon mertensii*

默氏蝴蝶鱼分布于太平洋海域，12.5 cm。头部有白色缘黑色横纹。右图中为幼鱼。

Spot-Tail Butter yfish / *Chaetodon ocellicaudus*

尾点蝴蝶鱼分布于印度洋–太平洋海域，14 cm。尾柄上有黑色圆形斑块，头部有黑色窄横纹。左图中为幼鱼。

Scrawled Butter yfish / *Chaetodon meyeri*
麦氏蝴蝶鱼分布于印度洋-太平洋海域，18 cm。身体上有黑色斜纹组成的环形。

Blackback Butter yfish / *Chaetodon melannotus*
黑背蝴蝶鱼分布于印度洋-太平洋海域，15 cm。尾柄上有黑色鞍状斑。

Eightband Butter yfish / *Chaetodon octofasciatus*
八带蝴蝶鱼分布于印度洋-西太平洋海域，12 cm。呈黄色或白色，身体上有 8 条窄横纹。以珊瑚虫为食。

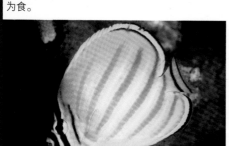

Ornate Butter yfish / *Chaetodon ornatissimus*
华丽蝴蝶鱼分布于印度洋-太平洋海域，18 cm。身体上有橘色斜条纹。

Raccoon Butter yfish / *Chaetodon lunula*
新月蝴蝶鱼分布于印度洋-太平洋海域，21 cm。头部有黑白双色宽条纹。

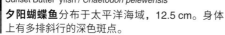

Sunset Butter yfish / *Chaetodon pelewensis*
夕阳蝴蝶鱼分布于太平洋海域，12.5 cm。身体上有多排斜行的深色斑点。

Spotband Butter yfish / *Chaetodon punctatofasciatus*
斑带蝴蝶鱼分布于印度洋-太平洋海域，12 cm。身体上有多排竖直排列的深色斑点。

Blueblotch Butter yfish / *Chaetodon plebeius*
四棘蝴蝶鱼分布于西太平洋海域，15 cm。身体上有亮蓝色斑块。

Latticed Butter yfish / *Chaetodon raf esii*
格纹蝴蝶鱼分布于印度洋-太平洋海域，15 cm。身体上有灰色网格纹。

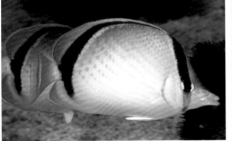

Yellow-Dotted Butter yfish / *Chaetodon selene*
弯月蝴蝶鱼分布于西太平洋海域，16 cm。身体上有多排斜行的浅黄色斑点。

Mirror Butter yfish / *Chaetodon speculum*
镜斑蝴蝶鱼分布于印度洋-太平洋海域，18 cm。呈黄色，身体上有黑色大斑块。

Triangle Butter yfish / *Chaetodon triangulum*
三角蝴蝶鱼分布于印度洋-太平洋海域，15 cm。尾鳍上有黑色三角形斑块。

Eastern Triangular Butter yfish / *Chaetodon baronessa*
曲纹蝴蝶鱼分布于西太平洋海域，15 cm。身体侧扁，头部有 2 条浅红色横纹。

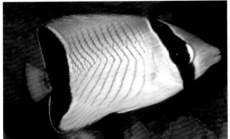

Chevron Butter yfish / *Chaetodon trifascialis*
三纹蝴蝶鱼分布于印度洋-太平洋海域，18 cm。体侧有深色 V 形条纹。左图中为幼鱼。

Pacific Double-Baddle Butter yfish / *Chaetodon ulietensis*
乌利蝴蝶鱼分布于印度洋–太平洋海域，15 cm。身体上有深色鞍状斑，斑块之间呈白色。

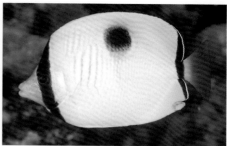

Teardrop Butter yfish / *Chaetodon unimaculatus*
单斑蝴蝶鱼分布于印度洋–太平洋海域，20 cm。呈浅黄白色，身体上有深色斑块。

Vagabond Butter yfish / *Chaetodon vagabundus*
斜纹蝴蝶鱼分布于印度洋–太平洋海域，23 cm。头部和尾部有黑色横纹。

Hongkong Butter yfish / *Chaetodon wiebeli*
丽蝴蝶鱼分布于西太平洋海域，18 cm。头部有 2条黑色横纹。

Yellowhead Butter yfish / *Chaetodon xanthocephalus*
黄头蝴蝶鱼分布于印度洋–太平洋海域，20 cm。吻部呈黄色，颊部有黄色条纹。

Pearlscale Butter yfish / *Chaetodon xanthurus*
黄蝴蝶鱼分布于西太平洋海域，14 cm。身体上有灰色网格纹，头部有断开的横纹。

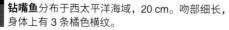

Copperband Butter yfish / *Chelmon rostratus*
钻嘴鱼分布于西太平洋海域，20 cm。吻部细长，身体上有 3 条橘色横纹。

Highfin Coralfish / *Coradion altivelis*
褐带少女鱼分布于印度洋–西太平洋海域，20 cm。背鳍高。

Goldengirdled Coralfish / *Coradion chrysozonus*

少女鱼分布于西太平洋海域，15 cm。臀鳍上无圆形斑块。

Twospot Coralfish / *Coradion melanopus*

双点少女鱼分布于西太平洋海域，15 cm。臀鳍和背鳍上均有圆形斑块。

Longnose Butter yfish / *Forcipiger avissimus*

黄镊口鱼分布于印度洋–太平洋海域，22 cm。吻部细长。

Big Longnose Butter yfish / *Forcipiger longirostris*

长吻镊口鱼分布于印度洋–太平洋海域，22 cm。吻部细长，呈管状。

Pyramid Butter yfish / *Hemitaurichthys polylepis*

多鳞霞蝶鱼分布于太平洋海域，18 cm。头部呈褐色，身体上有三角形大斑块。

Pennant Bannerfish / *Heniochus acuminatus*

马夫鱼分布于印度洋–太平洋海域，25 cm。身体上有黑色横纹，臀鳍较圆钝。

Schooling Bannerfish / *Heniochus diphreutes*

多棘马夫鱼分布于印度洋–太平洋海域，21 cm。身体上有黑色横纹，臀鳍较尖锐。

Masked Bannerfish / *Heniochus monoceros*

单角马夫鱼分布于印度洋-太平洋海域，24 cm。背鳍鳍棘较短，身体上有黑色宽横纹。

Pennant Bannerfish / *Heniochus chrysostomus*

金口马夫鱼分布于印度洋-太平洋海域，18 cm。背鳍鳍棘较宽，呈白色。

Singular Bannerfish / *Heniochus singularius*

四带马夫鱼分布于印度洋-西太平洋海域，23 cm。臀鳍呈黑色。

Horned Bannerfish / *Heniochus varius*

白带马夫鱼分布于印度洋-太平洋海域，19 cm。眼睛上方有一对角。

Sixspine Butter yfish / *Parachaetodon ocellatus*

眼点副蝴蝶鱼分布于印度洋-太平洋海域，18 cm。背鳍上有深色斑块。

Barred Angelfish / *Paracentropyge multifasciata*

多带刺尻鱼分布于印度洋-太平洋海域，12 cm。幼鱼（左图）背鳍软条上有蓝色斑块。刺盖鱼与蝴蝶鱼外形相似，但刺盖鱼的鳃盖处有一个坚硬的棘。

Threespot Angelfish / *Apolemichthys trimaculatus*
三点阿波鱼分布于印度洋-太平洋海域，25 cm。
唇部呈蓝色。

Bicolor Angelfish / *Centropyge bicolor*
二色刺尻鱼分布于印度洋-太平洋海域，15 cm。
以藻类、甲壳类和蠕虫为食。

Two-Spine Angelfish / *Centropyge bispinosa*
双棘刺尻鱼分布于印度洋-太平洋海域，10 cm。
以藻类为食。

Blacktail Angelfish / *Centropyge eibli*
虎纹刺尻鱼分布于印度洋至巴厘岛海域，11 cm。
身体上有橘色细横纹。

Yellow Angelfish / *Centropyge heraldi*
海氏刺尻鱼分布于印度洋-太平洋海域，10 cm。
头部有浅蓝色网状纹。

Flame Angelfish / *Centropyge loricula*
鹦鹉刺尻鱼分布于巴布亚新几内亚和所罗门群岛
海域，10 cm。臀鳍和背鳍上有蓝色斑块。

Keyhole Angelfish / *Centropyge tibicen*
白斑刺尻鱼分布于西太平洋海域，19 cm。呈深蓝色，但在水中接近黑色，身体上有椭圆形大白斑，
臀鳍缘呈黄色。

刺盖鱼科 ANGELFISHES

Pearlscale Angelfish / *Centropyge vrolikii*

福氏刺尻鱼分布于西太平洋中部海域，12 cm。身体后部呈黑色。

Vermiculated Angelfish / *Chaetodontoplus mesoleucus*

中白荷包鱼分布于印度洋-西太平洋海域，18 cm。尾鳍和吻部呈黄色。

Velvet Angelfish / *Chaetodontoplus melanosoma*

黑身荷包鱼分布于西太平洋海域，20 cm。吻部尖端呈黄色，有灰色蠕虫状斑纹。右图中为幼鱼。

Zebra Angelfish / *Genicanthus caudovittatus*

纹尾月蝶鱼分布于印度洋海域，20 cm。雄鱼（右图）有黑色横纹。左图中为雌鱼。

Ornate Angelfish / *Genicanthus bellus*

美丽月蝶鱼分布于印度洋-西太平洋海域，18 cm。通常栖息于水深超过 60 m 的较深水域。以浮游生物为食。雄鱼（左图）身体上有黄色宽纵纹。右图中为雌鱼。

Lamarck's Angelfish / *Genicanthus lamarck*

月蝶鱼分布于西太平洋海域，23 cm。以浮游生物为食。雄鱼背鳍前方的黄色斑块比雌鱼的大。右图为幼鱼。

Spotbreast Angelfish / *Genicanthus melanospilos*

黑斑月蝶鱼分布于西太平洋海域，18 cm。以浮游生物为食。雌鱼（左图）身体上半部呈亮黄色。右图中为雄鱼。

Vanderloos Angelfish / *Chaetodontoplus vanderloosi*

范氏荷包鱼分布于巴布亚新几内亚米尔恩湾海域，18 cm。头部呈浅色，有黄色斑纹。

Bluering Angelfish / *Pomacanthus annularis*

环纹刺盖鱼分布于印度洋-西太平洋海域，45 cm。尾鳍呈白色。

Bluegirdled Angelfish / *Pomacanthus navarchus*

马鞍刺盖鱼分布于西太平洋海域，25 cm。胸鳍长，呈深蓝色。

Sixbar Angelfish / *Pomacanthus sexstriatus*

六带刺盖鱼分布于西太平洋海域，46 cm。眼睛后方有白色条纹。

①
②
③
④

Emperor Angelfish / *Pomacanthus imperator*

主刺盖鱼分布于印度洋-太平洋海域，45 cm。最常见的刺盖鱼。图①中为幼鱼，25 mm。图②中为幼鱼，50 mm。图③中为亚成鱼。图④中为成鱼。

Semicircle Angelfish / *Pomacanthus semicirculatus*

半环刺盖鱼分布于印度洋-太平洋海域，35 cm。幼鱼（左图：12 cm，右图：16 cm）有白色半圆形条纹。

半环刺盖鱼成鱼头部呈蓝色，以海绵、被囊动物和藻类为食。

Yellowface Angelfish / *Pomacanthus xanthometopon*

黄颜刺盖鱼分布于印度洋-太平洋海域，38 cm。吻部呈蓝色，头部有黄色面具形斑块。

刺盖鱼科 ANGELFISHES

Royal Angelfish / *Pygoplites diacanthus*

双棘甲尻鱼分布于印度洋-太平洋海域，25 cm。通常出现在岩洞附近的峭壁上，以海绵和被囊动物为食。左图中为幼鱼，6 cm；右图中为成鱼。

Klark's Anemonefish / *Amphiprion clarkii*

克氏双锯鱼分布于印度洋-西太平洋海域，14 cm。身体上有 3 条白色横纹。可能是一个复合种，真正的克氏双锯鱼仅分布于印度洋海域，尾鳍呈亮黄色。

Skunk Anemonefish / *Amphiprion akallopisos*

背纹双锯鱼分布于印度洋至巴厘岛海域，11 cm。背部的白色细条纹始于吻部。

Orangefin Anemonefish / *Amphiprion chrysopterus*

橙鳍双锯鱼分布于太平洋海域，15 cm。身体上有 2 条浅蓝色横纹，靠近头部的一条更宽。

Orange Anemonefish / *Amphiprion sandaracinos*

白背双锯鱼分布于西太平洋海域，14 cm。背部有白色宽条纹。

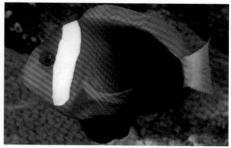

Tomato Anemonefish / *Amphiprion frenatus*

白条双锯鱼分布于西太平洋海域，13 cm。腹鳍呈橘色。

Fire Anemonefish / *Amphiprion melanopus*

黑双锯鱼分布于太平洋海域，12 cm。腹鳍呈黑色。

Whitebonnet Anemonefish / *Amphiprion leucokranos*

白罩双锯鱼分布于西太平洋中部海域，12 cm。橙鳍双锯鱼与白背双锯鱼的杂交种。

Pink Anemonefish / *Amphiprion perideraion*

项环双锯鱼分布于西太平洋海域，10 cm。头部有白色横纹。

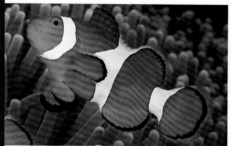

Western Anemonefish / *Amphiprion ocellaris*

眼斑双锯鱼分布于安达曼海至菲律宾及印度尼西亚海域（巴布亚新几内亚海域除外），10 cm。

Eastern Anemonefish / *Amphiprion percula*

海葵双锯鱼分布于新几内亚岛、所罗门群岛及大堡礁海域，8 cm。

Saddleback Anemonefish / *Amphiprion polymnus*

鞍斑双锯鱼分布于西太平洋至巴厘岛海域，12 cm。身体上有白色鞍状斑，尾鳍上有深色斑块。右图中的个体可能是鞍斑双锯鱼的近似种，与印度尼西亚海域的个体相比，身体中后部的横纹有明显差别。

Sebae Anemonefish / *Amphiprion sebae*

双带双锯鱼分布于印度洋至巴厘岛海域，14 cm。尾鳍呈黄色，身体后部有完整的白色宽横纹。

Spinecheek Anemonefish / *Premnas biaculeatus*

棘颊雀鲷分布于西太平洋海域，17 cm。身体上有 3 条白色窄横纹。

Black-Tail Sergeant / *Abudefduf lorenzi*

劳伦氏豆娘鱼分布于西太平洋中部海域，17 cm。尾柄上有黑色斑块。

Scissortail Sergeant / *Abudefduf sexfasciatus*

六带豆娘鱼分布于印度洋–太平洋海域，19 cm。尾鳍上有深色条纹。

Blackspot Sergeant / *Abudefduf sordidus*

豆娘鱼分布于印度洋–太平洋海域，24 cm。尾柄上有黑色鞍状斑。

Indo-Pacific Sergeant / *Abudefduf vaigiensis*

五带豆娘鱼分布于印度洋–太平洋海域，20 cm。身体上有 5 条黑色横纹。

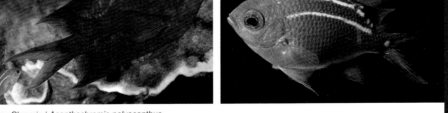

Spiny Chromis / *Acanthochromis polyacanthus*

多刺棘光鳃鲷分布于西太平洋海域，14 cm。体色多变。仔鱼由它们的父母照料（左图），不经历浮游阶段。幼鱼（右图）有黄色纵纹。

Golden Damselfish / *Amblyglyphidodon aureus*

金凹牙豆娘鱼分布于西太平洋海域，12 cm。鳍呈黄色，身体其他地方呈黄色或浅蓝色。通常出现在海扇附近，以浮游生物为食。

Batuna Damselfish / *Amblyglyphidodon batunai*

巴氏凹牙豆娘鱼分布于印度洋-西太平洋海域，9 cm。腹鳍呈白色。

Staghorn Damselfish / *Amblyglyphidodon curacao*

库拉索凹牙豆娘鱼分布于西太平洋海域，11 cm。身体上有 3 条灰色格子状横纹。

Pale Damselfish / *Amblyglyphidodon indicus*

印度凹牙豆娘鱼分布于印度洋-西太平洋海域，13 cm。腹鳍呈白色，颊部有深色条纹。

Yellowbelly Damselfish / *Amblyglyphidodon leucogaster*

白腹凹牙豆娘鱼分布于西太平洋海域，13 cm。腹鳍呈黄色，背鳍缘和臀鳍缘呈深色。

Yellow-Lip Damselfish / *Amblyglyphidodon* sp.

凹牙豆娘鱼（未定种）分布于印度尼西亚弗洛勒斯岛及巴厘岛海域，11 cm。唇部呈黄色。

Black-Banded Damselfish / *Amblypomacentrus breviceps*

短头钝雀鲷分布于印度洋-西太平洋海域，7 cm。身体上的深色横纹在背鳍上相连。

Banggai Damselfish / *Amblypomacentrus clarus*
宽带钝雀鲷分布于西太平洋海域，6 cm。身体上半部有深色横纹，但它们不相连。

Yellow-Speckled Chromis / *Chromis alpha*
银白光鳃鱼分布于印度洋–太平洋海域，12 cm。头部有浅蓝色或浅黄色斑块。

Ambon Chromis / *Chromis amboinensis*
安汶光鳃鱼分布于西太平洋海域，10 cm。胸鳍基部呈橘色。

Yellow Chromis / *Chromis analis*
长臂光鳃鱼分布于西太平洋海域，14 cm。体色多变，背鳍和臀鳍呈亮黄色。

Black-Axil Chromis / *Chromis atripectoralis*
绿光鳃鱼分布于印度洋–太平洋海域，11 cm。胸鳍腋部颜色较深。

Dark-Fin Chromis / *Chromis atripes*
腋斑光鳃鱼分布于西太平洋海域，10 cm。尾鳍基部呈黄色，尾鳍缘呈深色。

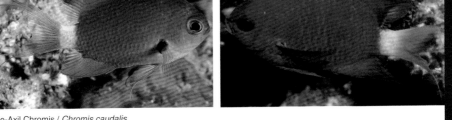

Blue-Axil Chromis / *Chromis caudalis*
大尾光鳃鱼分布于西太平洋海域，8 cm。尾柄呈白色，胸鳍基部有浅蓝色斑块。左图中为幼鱼，右图中为成鱼。

Deepreef Chromis / *Chromis delta*

三角光鳃鱼分布于印度洋-西太平洋海域，7 cm。尾鳍呈白色，胸鳍基部无浅蓝色斑块。

Two-Tone Chromis / *Chromis fieldi*

费氏光鳃鱼分布于印度洋至巴厘岛海域，5 cm。躯干后半部和尾鳍呈白色。

Twinspot Chromis / *Chromis elerae*

黑肛光鳃鱼分布于印度洋-西太平洋海域，7 cm。尾柄上下各有一个白色鞍状斑。

Malayan Chromis / *Chromis avipectoralis*

棕腋光鳃鱼分布于印度洋海域，8 cm。尾鳍、臀鳍和腹鳍为白色。

Lined Chromis / *Chromis lineata*

线纹光鳃鱼分布于印度洋-太平洋海域，7 cm。身体上有蓝色斑点组成的纵纹，尾柄上的橘色斑点位于背鳍软条下方。左图中为深色体色型个体。

Scaly Chromis / *Chromis lepidolepis*

细鳞光鳃鱼分布于印度洋-太平洋海域，8 cm。尾鳍和背鳍尖端呈深色。

Ovate Chromis / *Chromis ovatiformes*

卵形光鳃鱼分布于西太平洋海域，10 cm。吻端呈黄色，尾鳍呈白色。

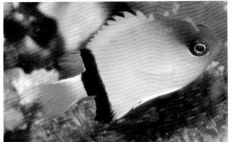

Black-Bar Chromis / *Chromis retrofasciata*
黑带光鳃鱼分布于西太平洋海域，6 cm。栖息于分枝珊瑚上。

Philippines Chromis / *Chromis scotochiloptera*
菲律宾光鳃鱼分布于西太平洋海域，16 cm。尾鳍上下缘和臀鳍上有深色条纹。

Ternate Chromis / *Chromis ternatensis*
条尾光鳃鱼分布于印度洋-太平洋海域，11 cm。尾鳍上下缘有深色线纹，颊部有蓝色斑点和深色细横纹，背鳍缘呈浅蓝色。

Blue-Green Chromis / *Chromis viridis*
蓝绿光鳃鱼分布于印度洋-太平洋海域，10 cm。呈浅绿色，胸鳍基部无深色斑块。

Weber's Chromis / *Chromis weberi*
韦氏光鳃鱼分布于印度洋-太平洋海域，13.5 cm。尾鳍尖端呈深色，眼睛后方有深色横纹。

Paletail Chromis / *Chromis xanthura*
黄尾光鳃鱼分布于太平洋海域，17 cm。尾鳍呈白色，颊部有深色横纹。

Arnaz's Damselfish / *Chrysiptera arnazae*
阿纳兹金翅雀鲷分布于巴布亚新几内亚及印度尼西亚海域，5 cm。尾鳍和腹鳍呈黄色。

Twinspot Damselfish / *Chrysiptera biocellata*

双斑金翅雀鲷分布于印度洋-太平洋海域，11 cm。体侧有明显的浅色横纹。左图中为成鱼，右图中为幼鱼。

Bleeker's Damselfish / *Chrysiptera bleekeri*

布氏金翅雀鲷分布于西太平洋海域，8 cm。身体上部呈黄色，尾鳍和臀鳍呈浅蓝色。

Yellowfin Damselfish / *Chrysiptera avipinnis*

黄金翅雀鲷分布于西太平洋海域，8 cm。身体上部呈黄色，尾鳍和臀鳍呈黄色。

Surge Damselfish / *Chrysiptera brownriggii*

勃氏金翅雀鲷分布于印度洋-太平洋海域，8 cm。成鱼有 2 条浅色横纹，背鳍上横纹之间的区域有浅色斑点。右图中为幼鱼。

Sapphire Damselfish / *Chrysiptera cyanea*

圆尾金翅雀鲷分布于印度洋-西太平洋海域，7.4 cm。雄鱼（左图）尾鳍呈橘色，雌鱼（右图）尾鳍呈浅色。

Malenesian Damselfish / *Chrysiptera cymatilis*

海蓝金翅雀鲷分布于巴布亚新几内亚海域，5 cm。呈深蓝色，头部有浅蓝色斑点和条纹。

Blueline Damselfish / *Chrysiptera caeruleolineata*

暗带金翅雀鲷分布于印度洋–西太平洋海域，5 cm。身体上有霓虹蓝色纵纹。

Blue-Spot Damselfish / *Chrysiptera oxycephala*

尖头金翅雀鲷分布于西太平洋海域，8 cm。呈浅黄色，鳞片上有蓝色斑点。

Papuan Damselfish / *Chrysiptera papuensis*

巴布亚金翅雀鲷分布于巴布亚新几内亚东部海域，5 cm。腹部和尾柄呈亮黄色。

King Damselfish / *Chrysiptera rex*

橙黄金翅雀鲷分布于西太平洋海域，7 cm。胸鳍基部呈橘色，鳞片上有斑点，鳃盖后缘上角处有深色斑点。右图中为幼鱼。

Rolland's Damselfish / *Chrysiptera rollandi*

罗氏金翅雀鲷分布于印度洋–西太平洋海域，5.5 cm。身体前半部呈浅蓝色。左图中为幼鱼，右图中为成鱼。

Greyback Damselfish / *Chrysiptera caesifrons*
灰背金翅雀鲷分布于印度洋-西太平洋海域，7 cm。头部上半部和躯干局部呈浅蓝色。

Talbot's Damselfish / *Chrysiptera talboti*
塔氏金翅雀鲷分布于西太平洋海域，6 cm。吻部呈黄色，身体上有一个黑色大斑块。

Onespot Damselfish / *Chrysiptera unimaculata*
无斑金翅雀鲷分布于印度洋-西太平洋海域，8 cm。体色多变，鳃盖上有橘色斑块，背鳍基部有深色斑块。右图中为亚成鱼。

Springer's Damselfish / *Chrysiptera springeri*
斯氏金翅雀鲷分布于西太平洋海域，5 cm。头部有深色条纹。分布于菲律宾海域的种群体色更深（左图），可能尚未被描述。传统意义上的斯氏金翅雀鲷（右图）分布于印度尼西亚海域。

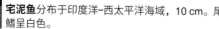

Whitetail Dascyllus / *Dascyllus aruanus*
宅泥鱼分布于印度洋-西太平洋海域，10 cm。尾鳍呈白色。

Blacktail Dascyllus / *Dascyllus melanurus*
黑尾宅泥鱼分布于西太平洋中部海域，9 cm。尾鳍呈黑色。

雀鲷科 DAMSELFISHES

112

Threespot Dascyllus / *Dascyllus trimaculatus*

三斑宅泥鱼分布于印度洋–太平洋海域，14 cm。复合种，印度洋海域的种群与太平洋海域的不同。

Reticulate Dascyllus / *Dascyllus reticulatus*

网纹宅泥鱼分布于西太平洋海域，9 cm。头部没有蓝色斑块，多有蓝色斑点。

White-Spot Damselfish / *Dischistodus chrysopoecilus*

白点盘雀鲷分布于西太平洋中部海域，15 cm。头部后方有浅色横纹，身体上有白色斑块。

Banded Damselfish / *Dischistodus fasciatus*

条纹盘雀鲷分布于西太平洋海域，14 cm。身体上有 4 条白色横纹，尾鳍呈白色。

White Damselfish / *Dischistodus perspicillatus*

显盘雀鲷分布于印度洋–西太平洋海域，18 cm。以藻类为食。背部有深色斑块。幼鱼（右图）腹鳍呈黄色。

Honey-Head Damselfish / *Dischistodus prosopotaenia*

黑背盘雀鲷分布于印度洋–西太平洋海域，18 cm。成鱼（左图）身体上有纵纹，头部有蓝色线纹。右图中为幼鱼。

Monarch Damselfish / *Dischistodus pseudochrysopoecilus*
暗褐盘雀鲷分布于西太平洋中部海域，18 cm。背部微微隆起，有白色斑块。右图中为幼鱼。

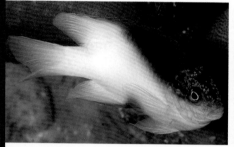 

Black-Vent Damselfish / *Dischistodus melanotus*
黑斑盘雀鲷分布于西太平洋海域，15 cm。鳃盖上有粉色斑块。

Lagoon Damselfish / *Hemiglyphidodon plagiometopon*
密鳃鱼分布于西太平洋中部海域，18 cm。呈褐色，头部颜色较浅，颊部有斑点。

Fusilier Damselfish / *Lepidozygus tapeinosoma*
胭腹秀美雀鲷分布于印度洋-太平洋海域，11 cm。身体后上部呈黄色。

Eastern Barhead Damselfish / *Neoglyphidodon mitratus*
头带新箭齿雀鲷分布于西太平洋海域，13 cm。胸鳍基部有深色斑块。

Cross Damselfish / *Neoglyphidodon crossi*

克氏新箭齿雀鲷分布于印度尼西亚海域，12 cm。成鱼（左图）呈暗灰色。幼鱼（右图）呈橘色，身体上有蓝色纵纹。

Bowtie Damselfish / *Neoglyphidodon melas*

黑新箭齿雀鲷分布于印度洋-西太平洋海域，16 cm。成鱼（左图）呈深蓝色，幼鱼（右图）体色更亮。

Black-And-Gold Damselfish / *Neoglyphidodon nigroris*

黑褐新箭齿雀鲷分布于印度洋-西太平洋海域，12 cm。左图中为双色体色型的成鱼，右图中为灰色体色型的成鱼。

Black-And-Gold Damselfish / *Neoglyphidodon nigroris*

黑褐新箭齿雀鲷幼鱼，3 cm。呈亮黄色，身体上有深色纵纹。

Bluestreak Damselfish / *Neoglyphidodon oxyodon*

尖齿新箭齿雀鲷分布于西太平洋中部海域，15 cm。成鱼呈灰色，幼鱼呈深蓝色。图中为幼鱼。

Barhead Damselfish / *Neoglyphidodon thoracotaeniatus*

纹胸新箭齿雀鲷分布于西太平洋中部海域，13.5 cm。身体上有 3 条深色横纹，胸鳍基部有蓝色斑点。左图中为幼鱼。

Silver Demoiselle / *Neopomacentrus anabatoides*

似攀鲈新雀鲷分布于西太平洋中部海域，11 cm。尾鳍上有深色条纹，鳃盖后缘有深色斑点。

Regal Demoiselle / *Neopomacentrus cyanomos*

蓝黑新雀鲷分布于印度洋-西太平洋海域，10 cm。鳃盖后缘有黑色斑块，尾鳍缘呈黄色。

Brown Demoiselle / *Neopomacentrus filamentosus*

长丝新雀鲷分布于西太平洋中部海域，8 cm。鳍缘呈蓝色。

Yellowtail Demoiselle / *Neopomacentrus nemurus*

线纹新雀鲷分布于西太平洋海域，7.5 cm。胸鳍基部和鳃盖缘有深色斑块。

Violet Demoiselle / *Neopomacentrus violascens*

紫身新雀鲷分布于西太平洋中部海域，7 cm。尾鳍和尾柄呈黄色。

Blackbar Damselfish / *Plectroglyphidodon dickii*

狄氏椒雀鲷分布于印度洋-太平洋海域，11 cm。身体上有深色横纹，尾鳍呈白色。

Johnston Damselfish / *Plectroglyphidodon johnstonianus*

尾斑椒雀鲷分布于印度洋-太平洋海域，9 cm。身体上有边缘模糊的深色横纹，尾鳍呈浅黄色。

Jewel Damselfish / *Plectroglyphidodon lacrymatus*

眼斑椒雀鲷分布于印度洋-太平洋海域，11 cm。身体上有蓝色斑点。

Singlebar Damselfish / *Plectroglyphidodon leucozonus*

白带椒雀鲷分布于印度洋-太平洋海域，12 cm。身体上有明显的白色横纹。

Obscure Damselfish / *Pomacentrus adelus*

隐雀鲷分布于西太平洋海域，8 cm。虹膜呈白色。背鳍上有前缘为蓝色的眼状斑。

Alexander's Damselfish / *Pomacentrus alexanderae*

胸斑雀鲷分布于西太平洋海域，9 cm。胸鳍基部有黑色斑块。

Ambon Damselfish / *Pomacentrus amboinensis*

安汶雀鲷分布于西太平洋海域，9 cm。呈黄色，头部后方有蓝色斑点。

Goldbelly Damselfish / *Pomacentrus auriventris*

金腹雀鲷分布于西太平洋中部海域，5.5 cm。局部呈黄色，且黄色区域形如两级台阶。

Neon Damselfish / *Pomacentrus coelestis*

霓虹雀鲷分布于印度洋-西太平洋海域，8 cm。尾鳍和尾柄呈浅黄色。

Speckled Damselfish / *Pomacentrus bankanensis*

斑卡雀鲷分布于西太平洋海域，9 cm。尾鳍呈白色，鳞片上有蓝色斑点，背鳍后部有眼状斑。左图中为幼鱼，右图中为成鱼。

Burrough's Damselfish / *Pomacentrus burroughi*
伯氏雀鲷分布于西太平洋中部海域，11 cm。背鳍后部有黄色斑块。

Whitetail Damselfish / *Pomacentrus chrysurus*
金尾雀鲷分布于西太平洋海域，9 cm。尾鳍呈白色。

Charcoal Damselfish / *Pomacentrus brachialis*
臂雀鲷分布于西太平洋海域，11 cm。胸鳍基部有较大的深色斑块。

Wedgespot Damselfish / *Pomacentrus cuneatus*
楔雀鲷分布于西太平洋海域，8 cm。幼鱼每片鳞片上均有浅蓝色条纹。成鱼呈灰色。

Scaly Damselfish / *Pomacentrus lepidogenys*
颊鳞雀鲷分布于印度洋–西太平洋海域，9 cm。背鳍和尾鳍基部呈黄色。

Indonesian Damselfish / *Pomacentrus melanochir*
黑肢雀鲷分布于印度洋–太平洋海域，7 cm。鳞片上有浅色条纹，尾鳍呈浅色。

Lemon Damselfish / *Pomacentrus moluccensis*
摩鹿加雀鲷分布于西太平洋海域，8 cm。呈亮黄色，头部有浅蓝色条纹。

Nagasaki Damselfish / *Pomacentrus nagasakiensis*
长崎雀鲷分布于印度洋–太平洋海域，11 cm。鳞片上有蓝色条纹，背鳍鳍条尖端呈深色。

Goldback Damselfish / *Pomacentrus nigromanus*

黑手雀鲷分布于西太平洋中部海域，9 cm。臀鳍大部分呈黑色。

Blackmargined Damselfish / *Pomacentrus nigromarginatus*

黑缘雀鲷分布于西太平洋中部海域，9 cm。尾鳍缘呈黑色。

Sapphire Damselfish / *Pomacentrus pavo*

孔雀雀鲷分布于印度洋-太平洋海域，11 cm。鳃盖后缘有斑点，尾鳍呈黄色，颊部有蓝色条纹。

Philippine Damselfish / *Pomacentrus philippinus*

菲律宾雀鲷分布于印度洋-西太平洋海域，10 cm。鳞片缘呈黑色，鳍局部呈黄色。

Reid's Damselfish / *Pomacentrus reidi*

莱氏雀鲷分布于印度洋-太平洋海域，9 cm。身体呈灰色或浅褐色，尾鳍上有模糊的深色横纹。

Blackmargined Damselfish / *Pomacentrus stigma*

斑点雀鲷分布于西太平洋中部海域，12 cm。臀鳍上有黑色斑块。

Blueback Damselfish / *Pomacentrus simsiang*

新星雀鲷分布于印度洋-西太平洋海域，7 cm。腹部呈浅黄色，尾柄上部有蓝色斑点。左图中为幼鱼，右图中为成鱼。

Threespot Damselfish / *Pomacentrus tripunctatus*

三斑雀鲷分布于印度洋–西太平洋海域，9 cm。尾柄上部有深色斑块。左图中为幼鱼，右图中为成鱼。

Ocellate Damselfish / *Pomacentrus vaiuli*

王子雀鲷分布于太平洋海域，10 cm。背鳍上有蓝色缘眼状斑，鳃盖后缘有亮蓝色斑块，鳞片上有蓝色斑点。

Gulf Damselfish / *Pristotis obtusirostris*

钝吻锯雀鲷分布于印度洋–西太平洋海域，13 cm。鳞片上有蓝色斑点。

Bluntsnout Gregory / *Stegastes punctatus*

大斑眶锯雀鲷分布于印度洋–太平洋海域，13 cm。背鳍后部有蓝色大斑块。

Dusky Gregory / *Stegastes nigricans*

黑眶锯雀鲷分布于印度洋–太平洋海域，14 cm。呈灰色或浅褐色，背鳍后下方有深色斑块。

Bluespotted Wrasse / *Anampses caeruleopunctatus*

荧斑阿南鱼分布于印度洋-太平洋海域，42 cm。雄鱼（左图）头部后方有黄色横纹。雌鱼（右图）头部为浅红色，身体上有成排的蓝色斑点。

Geographic Wrasse / *Anampses geographicus*

蠕纹阿南鱼分布于印度洋-太平洋海域，24 cm。雄鱼（左图）头部有蓝色细条纹组成的迷宫状斑纹，雌鱼（右图）背鳍后部和臀鳍上各有一个眼状斑。（弗朗索瓦·利伯特／摄）

Spotted Wrasse / *Anampses meleagrides*

黄尾阿南鱼分布于印度洋-太平洋海域，21 cm。雄鱼（右图，亚成鱼）呈褐色，头部有蓝色线纹，尾鳍上有浅色新月形斑。雌鱼（左图）尾鳍呈黄色。

New Guinea Wrasse / *Anampses neoguinaicus*

新几内亚阿南鱼分布于西太平洋海域，17 cm。雄鱼（右图）眼睛周围有辐射状蓝色条纹，鳃盖上有深色斑块。雌鱼（左图）鳃盖上有蓝色缘斑块。

Yellow-Breasted Wrasse / *Anampses twistii*

星阿南鱼分布于印度洋–太平洋海域，18 cm。头部下方和胸部呈黄色，尾鳍呈圆形（左图）。右图中为幼鱼。

White-Spotted Wrasse / *Anampses melanurus*

乌尾阿南鱼分布于西太平洋海域，12 cm。尾鳍呈黄黑双色。雄鱼有黄色纵纹。

Twospot Hogfish / *Bodianus bimaculatus*

双斑普提鱼分布于印度洋–太平洋海域，8 cm。通常栖息于深度超过 40 m 的水域。

Axilspot Hogfish / *Bodianus axillaris*

腋斑普提鱼分布于印度洋–太平洋海域，22 cm。背鳍软条和臀鳍上各有一个黑色大斑块。右图中为幼鱼。

Lyretail Hogfish / *Bodianus anthioides*

似花普提鱼分布于印度洋–太平洋海域，21 cm。尾鳍呈叉形，边缘有黑色条纹。右图中为较小的幼鱼，2 cm。

似花普提鱼较大的幼鱼，8 cm。

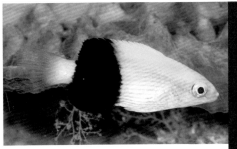

Tarry Hogfish / *Bodianus bilunulatus*
双带普提鱼分布于印度洋-西太平洋海域，55 cm。尾柄上部有深色斑点。图中为幼鱼，6 cm。

Redfin Hogfish / *Bodianus dictynna*
网纹普提鱼分布于西太平洋海域，25 cm。腹鳍和臀鳍上有黑色斑块，尾柄上有深色斑点。右图中为幼鱼。

Splitlevel Hogfish / *Bodianus mesothorax*
中胸普提鱼分布于西太平洋海域，20 cm。身体上有黑色斜条纹。臀鳍呈黄色，臀鳍上无深色斑点。右图中为幼鱼，5 cm。

Floral Wrasse / *Cheilinus chlorourus*
绿尾唇鱼分布于印度洋-太平洋海域，36 cm。雄鱼眼睛后方有边缘模糊的深色斑块。

Red-Breasted Wrasse / *Cheilinus fasciatus*
横带唇鱼分布于印度洋-太平洋海域，36 cm。身体上有红色项圈状斑纹和深灰色横纹。

Tripletail Wrasse / *Cheilinus trilobatus*
三叶唇鱼分布于印度洋–太平洋海域，40 cm。头部有粉色斑点和条纹。左图中为雄鱼。

Snooty Wrasse / *Cheilinus oxycephalus*
尖头唇鱼分布于印度洋–太平洋海域，17 cm。呈红色，身体上有斑点；背鳍后下方有 2 个红色斑点。

Humphead Wrasse / *Cheilinus undulatus*
波纹唇鱼（苏眉）分布于印度洋–太平洋海域，229 cm。成鱼前额隆起。(奥利弗·施皮斯霍菲/摄)

波纹唇鱼（苏眉）亚成鱼（左图）有从眼睛向后延伸的深色条纹，幼鱼（右图，20 cm）尾鳍后缘呈黄色。

Cigar Wrasse / *Cheilio inermis*
管唇鱼分布于印度洋–太平洋海域，50 cm。雄鱼（左图）胸鳍后方有黑色斑块。雌鱼（右图）身体呈绿褐色。

Orangeback Wrasse / *Cirrhilabrus aurantidorsalis*

橘背丝隆头鱼分布于印度尼西亚海域，10 cm。背部呈橘黄色。

Conde's Wrasse / *Cirrhilabrus condei*

康氏丝隆头鱼分布于新几内亚岛西部至所罗门群岛海域，8 cm。背鳍缘呈黑色。

Beau's Wrasse / *Cirrhilabrus beauperryi*

博氏丝隆头鱼分布于巴布亚新几内亚群岛及所罗门群岛海域，12 cm。雄鱼（左图）腹部呈浅蓝色，有蓝色斑点。雌鱼胸鳍基部有红色条纹。

Blueside Wrasse / *Cirrhilabrus cyanopleura*

蓝身丝隆头鱼分布于西太平洋中部海域，15 cm。鳞片缘呈深蓝色。胸鳍后方有黄色斑块的体色型（右图）曾被认为是另一个种。

Exquisite Wrasse / *Cirrhilabrus exquisitus*

艳丽丝隆头鱼分布于印度洋-太平洋海域，12 cm。呈浅绿色，尾柄上有黑色斑块，背鳍后部和臀鳍上有蓝色缘眼状斑。图中的个体可能为复合种，真正的艳丽丝隆头鱼分布于西印度洋海域。

Yellowfin Wrasse / *Cirrhilabrus avidorsalis*
黄背丝隆头鱼分布于西太平洋中部海域，6.5 cm。
呈类白色，身体上有红色横纹。

Walindi Wrasse / *Cirrhilabrus walindi*
瓦氏丝隆头鱼分布于巴布亚新几内亚及所罗门群
岛海域，8 cm。背部有 2 个黑色大斑块。

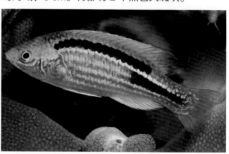

Lubbock's Wrasse / *Cirrhilabrus lubbocki*
卢氏丝隆头鱼分布于西太平洋中部海域，8 cm。右图中为真正的卢氏丝隆头鱼，仅见于菲律宾和日
本海域。左图中为尚未被描述的印度尼西亚种群个体，鳞片上鲜艳的高光色块未连成条纹。

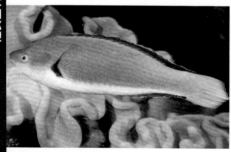

Dotted Wrasse / *Cirrhilabrus punctatus*
大斑丝隆头鱼分布于巴布亚新几内亚、澳大利亚及汤加海域，13 cm。雄鱼（左图）躯干呈灰色，尾
鳍呈黄色。雌鱼（右图）呈浅红色，尾柄上部有深色斑块。

Pyle's Wrasse / *Cirrhilabrus pylei*
派氏丝隆头鱼分布于印度尼西亚东部及美拉尼西亚海域，13 cm。雄鱼（左图）腹鳍延长呈丝状，尾
鳍缘呈浅色。雌鱼（右图）呈浅粉色，尾柄上部有深色斑块。

Red-Margined Wrasse / *Cirrhilabrus rubrimarginatus*

红缘丝隆头鱼分布于西太平洋海域，15 cm。尾鳍缘呈红色。左图中为雄性成鱼，右图中为幼鱼。

Red-Eye Wrasse / *Cirrhilabrus solorensis*

绿丝隆头鱼分布于西太平洋中部海域，11 cm。体色多变，局部呈橘黄色。出现婚姻色的雄鱼（左图）鳃盖上有深色条纹。可能为复合种。

Bali Redhead Wrasse / *Cirrhilabrus* sp.

丝隆头鱼（未定种） 分布于巴厘岛海域，9 cm。雄鱼头部呈红色。尚未被描述。

Redfin Wrasse / *Cirrhilabrus rubripinnis*

红翼丝隆头鱼分布于西太平洋中部海域，9 cm。雄鱼背鳍和臀鳍呈红色。

Threadfin Wrasse / *Cirrhilabrus* cf. *temminckii*

丁氏丝隆头鱼（近似种）分布于西太平洋海域，9 cm。雄鱼（左图）体侧有 2 条浅蓝色纵纹。真正的丁氏丝隆头鱼仅出现在日本四大岛屿附近海域，出现在西太平洋海域的种群尚未被描述。

Caprenter's Flasherwrasse / *Paracheilinus carpenteri*

卡氏副唇鱼分布于菲律宾海域，7 cm。尾鳍呈深色，圆形。

Paine's Flasherwrasse / *Paracheilinus paineorum*

潘氏副唇鱼分布于印度尼西亚海域，7 cm。第一背鳍有数条延长呈丝状的鳍条。

Filamentous Flasherwrasse / *Paracheilinus filamentosus*

月尾副唇鱼分布于巴布亚新几内亚及所罗门群岛海域，6.5 cm。出现婚姻色的雄鱼（右图）第一背鳍上有蓝色缘红色三角形区域。左图中为雌鱼。

Yellowfin Flasherwrasse / *Paracheilinus avianalis*

黄臀副唇鱼分布于西太平洋海域，7 cm。背鳍有一条延长呈丝状的鳍条。

Blue Flasherwrasse / *Paracheilinus cyaneus*

蓝背副唇鱼分布于印度尼西亚海域，8 cm。（里卡德·塞尔佩 / 摄）

Orange-Dotted Tuskfish / *Choerodon anchorago*

鞍斑猪齿鱼分布于印度洋–西太平洋海域，50 cm。胸鳍基部有深色斑块。

Zamboanga Tuskfish / *Choerodon zamboangae*

扎汶猪齿鱼分布于西太平洋海域，38 cm。体侧有红褐色斑块。

Zoster Wrasse / *Choerodon zosterophorus*

腰纹猪齿鱼分布于西太平洋中部海域，25 cm。身体上有白色斜条块。

Clown Coris / *Coris aygula*

鳃斑盔鱼分布于印度洋-太平洋海域，60 cm。雄鱼身体上有浅色横纹，头部有红色斑纹。

Clown Coris / *Coris aygula*

鳃斑盔鱼分布于印度洋-太平洋海域，60 cm。幼鱼（左图）身体上有明显的黑色斑块和橘色斑块。右图中为雌鱼。

Batu Coris / *Coris batuensis*

巴都盔鱼分布于印度洋-太平洋海域，15 cm。成鱼（右图）体侧上部有深色横纹和白色纵纹。左图中为幼鱼。

African Coris / *Coris cuvieri*

居氏盔鱼分布于印度洋海域，38 cm。雄鱼（左图）躯干呈深绿色；头部呈浅红色，有绿色条纹。右图中为幼鱼。

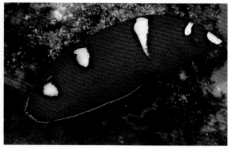

Yellowtail Coris / *Coris gaimard*

露珠盔鱼分布于太平洋海域，40 cm。尾鳍呈黄色；头部呈浅红色，有绿色条纹；躯干呈深蓝色。身体上有蓝色斑点。右图中为幼鱼。

Blackstripe Coris / *Coris pictoides*

橘鳍盔鱼分布于西太平洋海域，11 cm。身体上有黑色宽纵纹。幼鱼（右图）背鳍和尾鳍基部各有一个蓝色眼状斑。

Pale-Barred Coris / *Coris dorsomacula*

背斑盔鱼分布于西太平洋海域，38 cm。雄鱼身体上有浅色横纹和橘色纵纹。

Yellowtail Tubelip / *Diproctacanthus xanthurus*

黄尾双臀刺隆头鱼分布于西太平洋中部海域，10 cm。尾鳍呈黄色，眼睛呈红色。

Finescale Razorfish / *Cymolutes torquatus*

环状钝头鱼分布于印度洋-太平洋海域，20 cm。体色多变，体侧有横纹。雄鱼（左图）鳃盖后方有深色斜条纹。雌鱼呈类白色，身体上有褐色横纹。

Latent Slingjaw Wrasse / *Epibulus brevis*

短伸口鱼分布于西太平洋海域，18.5 cm。雄鱼（左图）背鳍下方有黄色斑点。雌鱼（右图）呈黄色，胸鳍上有黑色条纹。雄鱼和雌鱼鳃盖上均有斑块。

Slingjaw Wrasse / *Epibulus insidiator*

伸口鱼分布于印度洋-太平洋海域，35 cm。雄鱼（左图）眼睛周围有深色条纹，雌鱼（右图）胸鳍呈黄色。鳃盖的皮瓣上无明显斑块。

Bird Wrasse / *Gomphosus varius*

杂色尖嘴鱼分布于西太平洋中部海域，32 cm。雄鱼（右图）躯干呈绿色，头部呈深蓝色。雌鱼（左图）体色从浅灰色到深灰色不一，头部有穿过眼睛的深色条纹。

Argus Wrasse / *Halichoeres argus*

珠光海猪鱼分布于印度洋-西太平洋海域，11 cm。雄鱼（右图）尾鳍缘呈黑色，雌鱼（左图）背鳍下方有白色斑块。

珠光海猪鱼的幼鱼。

Saowisata Wrasse / *Halichoeres binotopsis*
双背海猪鱼分布于西太平洋海域，9 cm。雌鱼身体上有红色纵纹和黑色斑点。

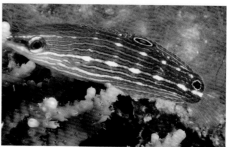

Red-Lined Wrasse / *Halichoeres biocellatus*
双眼斑海猪鱼分布于西太平洋海域，20 cm。雌鱼（左图）和幼鱼（右图）背鳍上有浅色缘圆形斑块。

Greenhead Wrasse / *Halichoeres chlorocephalus*
绿头海猪鱼分布于巴布亚新几内亚海域，12 cm。雌鱼身体上有橘色纵纹。

Pastel-Green Wrasse / *Halichoeres chloropterus*
绿鳍海猪鱼分布于西太平洋中部海域，19 cm。雄鱼身体上有粉色格子状斑纹。

绿鳍海猪鱼雌鱼（左图）身体上有斑块。右图中为幼鱼。

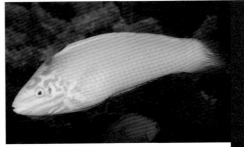

Canary Wrasse / *Halichoeres chrysus*

金色海猪鱼分布于西太平洋海域，12 cm。雌鱼（左图）背鳍上有白色缘黑色斑块，雄鱼（右图）背鳍前部有深色斑块。

Canarytop Wrasse / *Halichoeres leucoxanthus*

黄白海猪鱼分布于印度洋至巴厘岛海域，11 cm。腹部呈白色。雌鱼（右图）背鳍上有白色缘黑色斑块。

Hartzfeld's Wrasse / *Halichoeres hartzfeldii*

哈氏海猪鱼分布于西太平洋海域，20 cm。雄鱼（左图）胸鳍后方有浅蓝色横纹，雌鱼（右图）身体上有黄色纵纹。

Hartzfeld's Wrasse / *Halichoeres hartzfeldii*

哈氏海猪鱼幼鱼身体上的橘色纵纹延伸至尾鳍黑色斑块处。

Checkerboard Wrasse / *Halichoeres hortulanus*

格纹海猪鱼幼鱼尾鳍基部有 2 个白色斑块。

Checkerboard Wrasse / *Halichoeres hortulanus*

格纹海猪鱼分布于印度洋-太平洋海域，27 cm。雄鱼（左图）背部有黄色鞍状斑，雌鱼（右图）背部有黑色鞍状斑。

Dusky Wrasse / *Halichoeres marginatus*

缘鳍海猪鱼分布于印度洋-太平洋海域，12 cm。雄鱼（右图）尾柄上有绿色新月形斑纹，雌鱼（左图）背鳍上有深蓝色眼状斑。

Tailspot Wrasse / *Halichoeres melanurus*

黑尾海猪鱼分布于西太平洋海域，11 cm。雄鱼（左图）胸鳍基部呈黄色，雌鱼（右图）身体上有蓝色和橘色纵纹。

Cheekspot Wrasse / *Halichoeres melasmapomus*

盖斑海猪鱼分布于印度洋-太平洋海域，14 cm。雄鱼和雌鱼的鳃盖后缘都有深色斑块，雌鱼（右图）背鳍上还有斑块。

Circle-Cheek Wrasse / *Halichoeres miniatus*

臀点海猪鱼分布于西太平洋海域，14 cm。雌鱼胸鳍后方有浅红色斑块。

Nebulous Wrasse / *Halichoeres nebulosus*

星云海猪鱼分布于印度洋-西太平洋海域，12 cm。腹部有粉红色斑块。图中为雌鱼。

Pinstripe Wrasse / *Halichoeres nigrescens*

云斑海猪鱼分布于印度洋-西太平洋海域，14 cm。雄鱼身体上有褐色横纹。

Weed Wrasse / *Halichoeres papilionaceus*

蝶海猪鱼分布于西太平洋中部海域，10 cm。雌鱼背鳍上有眼状斑。

Axil Spot Wrasse / *Halichoeres podostigma*

足斑海猪鱼分布于西太平洋中部海域，19 cm。成鱼（左图）尾鳍呈白色。右图中为幼鱼。

Twotone Wrasse / *Halichoeres prosopeion*

黑额海猪鱼分布于西太平洋海域，15 cm。幼鱼（左图）身体上有 4 条深色纵纹。右图中为成鱼。

Richmond's Wrasse / *Halichoeres richmondi*

纵纹海猪鱼分布于西太平洋海域，19 cm。雄鱼头部有红色纵纹。

Green Wrasse / *Halichoeres solorensis*

索洛海猪鱼分布于西太平洋海域，14 cm。背鳍上有黄色缘黑色斑块。

Zigzag Wrasse / *Halichoeres scapularis*

侧带海猪鱼分布于印度洋–西太平洋海域，20 cm。雄鱼（左图）头部后方有不连续的深粉色纵纹，雌鱼（右图）身体上有黄色锯齿状纵纹。

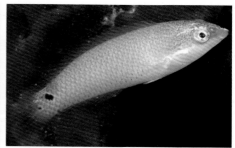

侧带海猪鱼幼鱼身体上有深褐色纵纹。

三斑海猪鱼幼鱼吻部呈黄色。

Threespot Wrasse / *Halichoeres trimaculatus*

三斑海猪鱼分布于印度洋–太平洋海域，18 cm。雄鱼（左图）尾柄上有深色斑块，雌鱼（右图）尾柄上有橘色斑块。

Barred Thicklip Wrasse / *Hemigymnus fasciatus*

横带厚唇鱼分布于印度洋-太平洋海域，40 cm。成鱼（右图）头部有红色宽条纹。左图中为幼鱼，15 cm。

Blackeye Thicklip Wrasse / *Hemigymnus melapterus*

黑鳍厚唇鱼分布于印度洋-太平洋海域，90 cm。雄鱼（左图）呈浅绿色，头部有红色条纹组成的网状斑。右图中为雌鱼。

Ring Wrasse / *Hologymnosus annulatus*

环纹细鳞盔鱼分布于印度洋-太平洋海域，40 cm。雄鱼（左图）呈浅绿色，头部有蓝色斑块。雌鱼（右图）身体呈深绿色。

Pastel ringwrasse / *Hologymnosus doliatus*

狭带细鳞盔鱼分布于印度洋-太平洋海域，50 cm。雄鱼（左图）躯干呈绿色，头部呈黄色。右图中为雌鱼。

狭带细鳞盔鱼幼鱼身体上有 3 条红色纵纹。
环纹细鳞盔鱼幼鱼身体上有深色宽纵纹。

White-Patch Razorfish / *Iniistius aneitensis*
短项鳍鱼分布于印度洋-太平洋海域，22 cm。胸鳍后方有白色斑块。

Fivefinger Razorfish / *Iniistius pentadactylus*
五指项鳍鱼分布于印度洋-太平洋海域，25 cm。雄鱼（左图）头部后方有数个排列成线的红色斑点。雌鱼（右图）胸鳍后方有白色斑块，斑块中有粉色格子状斑纹。

Peacock Razorfish / *Iniistius pavo*
孔雀项鳍鱼分布于印度洋-太平洋海域，35 cm。成鱼（左图）背鳍下方有深色斑块。右图中为较大的幼鱼，15 cm，体侧有 3 条褐色横纹。

孔雀项鳍鱼的幼鱼，3.5 cm，能模拟海草或落叶。

Tubelip Wrasse / *Labrichthys unilineatus*

单线突唇鱼分布于印度洋-太平洋海域，18 cm。雌鱼（左图）身体呈绿色，唇部呈黄色。右图中为幼鱼。

单线突唇鱼雄鱼胸鳍后方有白色宽横纹。

Bicolor Cleaner Wrasse / *Labroides bicolor*

双色裂唇鱼分布于印度洋-太平洋海域，14 cm。靠近尾鳍边缘处有深色条纹。

Bluestreak Cleaner Wrasse / *Labroides dimidiatus*

裂唇鱼分布于印度洋-太平洋海域，12 cm。呈浅蓝色，身体上有深色宽纵纹。

Blackspot Cleaner Wrasse / *Labroides pectoralis*

胸斑裂唇鱼分布于太平洋海域，8 cm。胸鳍基部下方有深色斑块。

Allen's Tubelip / *Labropsis alleni*

艾伦褶唇鱼分布于西太平洋中部海域，10 cm。胸鳍基部有黄色缘黑色斑块。

Northern Tubelip / *Labropsis manabei*

曼氏褶唇鱼分布于印度洋-西太平洋海域，13 cm。雌鱼眼睛呈红色，体侧有 3 条深色纵纹。

曼氏褶唇鱼雄鱼（右图）胸鳍基部有黑色斑块。左图中为幼鱼，3 cm。

Yellowback Tubelip / *Labropsis xanthonota*
多纹褶唇鱼分布于印度洋-太平洋海域，13 cm。
雌鱼背鳍呈黄色。

Ochreband Wrasse / *Leptojulis chrysotaenia*
金带蓝胸鱼分布于印度洋-西太平洋海域，11 cm。
雌鱼身体上有褐色纵纹。

Shoulder-Spot Wrasse / *Leptojulis cyanopleura*
阿曼蓝胸鱼分布于印度洋-太平洋海域，13 cm。雄鱼（左图）胸鳍后方有橘色斑块，雌鱼（右图）
身体上有浅褐色纵纹。

Blackspotted Wrasse / *Macropharyngodon meleagris*
珠斑大咽齿鱼分布于印度洋-太平洋海域，15 cm。雄鱼（左图）头部呈红色，有绿色条纹；尾鳍上
下缘有红色条纹。右图中为雌鱼。

Yellowspotted Wrasse / *Macropharyngodon negrosensis*

胸斑大咽齿鱼分布于印度洋–西太平洋海域，12 cm。雄鱼（左图）尾鳍上下缘有黑色条纹，雌鱼（右图）背部有浅色鞍状斑。（左图由弗朗索瓦·利伯特拍摄）

Ornate Wrasse / *Macropharyngodon ornatus*

饰妆大咽齿鱼分布于印度洋–太平洋海域，11 cm。雄鱼背鳍前部有深色斑点。

带尾美鳍鱼亚成鱼眼睛周围有辐射状条纹。

Rockmover Wrasse / *Novaculichthys taeniourus*

带尾美鳍鱼分布于印度洋–太平洋海域，30 cm。左图中为成鱼，右图中为幼鱼。幼鱼能模拟海草，随水流漂动。

Seagrass Wrasse / *Novaculoides macrolepidotus*

大鳞似美鳍鱼分布于印度洋–西太平洋海域，16 cm。雄鱼（左图）身体后部有深色斑点，雌鱼（右图）身体上有不规则的褐色条纹。

Two-Spot Wrasse / *Oxycheilinus bimaculatus*

双斑尖唇鱼分布于印度洋–太平洋海域，15 cm。雄鱼（左图）胸鳍上方有浅红色斑块，背鳍前部有蓝色斑块。右图中为雌鱼。

Celebes Wrasse / *Oxycheilinus celebicus*

西里伯斯唇鱼分布于西太平洋海域，20 cm。雌鱼（左图）鳃盖上有白色斑点，雄鱼（右图）背鳍前部有蓝色斑点。

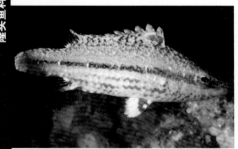

Blackstripe Wrasse / *Oxycheilinus arenatus*

斑点尖唇鱼分布于印度洋–太平洋海域，21 cm。背鳍前部有一个蓝色长条形斑纹。

Cheeklined Wrasse / *Oxycheilinus digramma*

双线尖唇鱼分布于印度洋–太平洋海域，40 cm。图中为雄鱼。

双线尖唇鱼颊部有深红色斜线纹。左图中为雌性成鱼，右图中为幼鱼。

隆头鱼科 WRASSES

Oriental Maori Wrasse / *Oxycheilinus orientalis*

东方尖唇鱼分布于印度洋-西太平洋海域，18 cm。背部有浅红色鞍状斑。

Sixline Wrasse / *Pseudocheilinus hexataenia*

六带拟唇鱼分布于印度洋-太平洋海域，8 cm。体侧有 6 条橘色纵纹，尾柄上有眼状斑。

Striated Wrasse / *Pseudocheilinus evanidus*

姬拟唇鱼分布于印度洋-太平洋海域，9 cm。眼睛下方有浅蓝色纵纹。

Eight-Lined Wrasse / *Pseudocheilinus octotaenia*

八带拟唇鱼分布于印度洋-太平洋海域，14 cm。体侧有 8 条红色纵纹。

Redspot Wrasse / *Pseudocoris yamashiroi*

山下氏拟盔鱼分布于西太平洋海域，15 cm。雌鱼（左图）眼睛上方和下方均有白色纵纹，胸鳍基部有粉色斑块。右图中为雄鱼。

Philippines Wrasse / *Pseudocoris bleekeri*

布氏拟盔鱼分布于西太平洋海域，15 cm。雌鱼胸鳍上方和尾柄上有深色斑块。

Splendid Pencil Wrasse / *Pseudojuloides splendens*

闪光似虹锦鱼分布于西太平洋海域，12 cm。尾鳍上有蓝色新月形斑纹。

143

Chiseltooth Wrasse / *Pseudodax moluccanus*

摩鹿加拟凿牙鱼分布于印度洋−太平洋海域，25 cm。上唇呈黄色，有蓝色条纹（左图）。幼鱼（右图）能模拟裂唇鱼。

 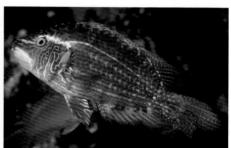

Cryptic Wrasse / *Pteragogus cryptus*

隐秘高体盔鱼分布于印度洋−西太平洋海域，10 cm。鳃盖上有斑块，眼睛上方有白色纵纹。

Cockerel Wrasse / *Pteragogus enneacanthus*

九棘高体盔鱼分布于西太平洋海域，15 cm。鳃盖上有斑块和浅色线纹。

Red-Margin Wrasse / *Pteragogus* cf. *enneacanthus*

九棘高体盔鱼（近似种）分布于菲律宾海域，15 cm。头部有从吻部延伸至眼睛后方的白色条纹。与九棘高体盔鱼外形相似，身体下半部有浅蓝色纵纹，鳍缘呈红色。

Flagfin Wrasse / *Pteragogus agellifer*

红海高体盔鱼分布于印度洋−西太平洋海域，20 cm。背鳍鳍棘延长呈丝状，体侧有两排深色斑块。

Redshoulder Wrasse / *Stethojulis bandanensis*

黑星紫胸鱼分布于印度洋-太平洋海域，15 cm。胸鳍基部上方有橘色斑块。雄鱼（左图）眼睛上方和下方均有浅色条纹，吻部呈浅黄色。右图中为雌鱼。

Cut Ribbon Wrasse / *Stethojulis interrupta*

断带紫胸鱼分布于印度洋-西太平洋海域，12 cm。雄鱼（右图）胸鳍基部上方有橘色斑块，体侧中部有断开的纵纹。雌鱼（左图）胸鳍后方有黑色波纹状条纹。

Three-Lined Wrasse / *Stethojulis trilineata*

三线紫胸鱼分布于印度洋-西太平洋海域，14 cm。雄鱼（左图）体侧有 4 条浅蓝色纵纹。雌鱼（右图）体侧有 2 排深色虚线纹，深色虚线纹上方密布白色虚线纹。

Bluntheaded Wrasse / *Thalassoma amblycephalum*

钝头锦鱼分布于印度洋-太平洋海域，16 cm。雄鱼（左图）头部后方有黄色宽横纹。右图中为雌鱼。

Sixbar Wrasse / *Thalassoma hardwicke*
鞍斑锦鱼分布于印度洋-太平洋海域，18 cm。呈浅绿色，体侧有 6 条深色横纹。

Jansen's Wrasse / *Thalassoma jansenii*
詹氏锦鱼分布于印度洋-西太平洋海域，20 cm。体侧有浅黄色横纹。

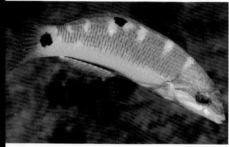

Moon Wrasse / *Thalassoma lunare*
新月锦鱼分布于印度洋-太平洋海域，25 cm。成鱼（右图）尾鳍呈黄色，尾鳍上下缘均有粉色条纹。左图中为幼鱼。

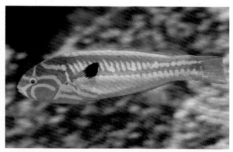

Blackbarred Wrasse / *Thalassoma nigrofasciatum*
黑横带锦鱼分布于澳大利亚、巴布亚新几内亚及大洋洲海域，20 cm。与詹氏锦鱼外形相似。

Fivestripe Wrasse / *Thalassoma quinquevittatum*
纵纹锦鱼分布于印度洋-太平洋海域，17 cm。雄鱼体侧有 2 条蓝色纵纹。

Halstead's Wrasse / *Xyrichtys halsteadi*
哈氏连鳍唇鱼分布于印度尼西亚、巴布亚新几内亚及大洋洲海域，12 cm。呈白色，身体上有红色纵纹。

White-Barred Pygmy Wrasse / *Wetmorella albofasciata*
白条湿鹦鲷分布于印度洋-太平洋海域，6 cm。头部眼睛周围有辐射状白色条纹。

Blackspot Pygmy Wrasse / *Wetmorella nigropinnata*

黑鳍湿鹦鲷分布于印度洋-太平洋海域，8 cm。（马克·罗森斯坦 / 摄）

Tanaka's Wrasse / *Wetmorella tanakai*

田中氏湿鹦鲷分布于西太平洋海域，4 cm。背鳍上的眼状斑后方有白色短条纹。

Humphead Parrotfish / *Bolbometopon muricatum*

驼峰大鹦嘴鱼分布于印度洋-太平洋海域，130 cm。通常成群出现，以活珊瑚为食。它们用头部撞击珊瑚，使之碎裂成更易消化的小块。

Star-Eye Parrotfish / *Calotomus carolinus*

星眼绚鹦嘴鱼分布于印度洋-太平洋海域，50 cm。眼睛周围有辐射状浅红色条纹。

Spinytooth Parrotfish / *Calotomus spinidens*

凹尾绚鹦嘴鱼分布于印度洋-西太平洋海域，19 cm。胸鳍基部有红色斑点。

Seagrass Parrotfish / *Leptoscarus vaigiensis*

纤鹦嘴鱼分布于印度洋-太平洋海域，35 cm。身体呈斑驳的绿色，尾鳍呈圆形。右图中的幼鱼身体上有成排的白色斑点。

隆头鱼科 WRASSES

鹦嘴鱼科 PARROTFISHES

147

Spotted Parrotfish / *Cetoscarus ocellatus*

斑点鲸鹦嘴鱼分布于印度洋-太平洋海域，80 cm。雄鱼（左图）呈绿色，身体上有粉色斑点和纵纹。右图中为较大的幼鱼，25 cm。

斑点鲸鹦嘴鱼的幼鱼，体形较小，5 cm。

Bower's Parrotfish / *Chlorurus bowersi*

鲍氏绿鹦嘴鱼分布于西太平洋海域，30 cm。眼睛后方有橘色三角形大斑块。

Bleeker's Parrotfish / *Chlorurus bleekeri*

白氏绿鹦嘴鱼分布于印度洋-太平洋海域，30 cm。雄鱼（右图）颊部局部呈类白色，雌鱼（左图）胸鳍呈红色。

Indian Parrotfish / *Chlorurus capistratoides*

拟绿鹦嘴鱼分布于印度洋-西太平洋海域，35 cm。呈蓝色或浅绿色，鳞片上有粉色条纹，颊部的颜色较浅。

Roundhead Parrotfish / *Chlorurus strongylocephalus*
圆头绿鹦嘴鱼分布于印度洋至巴厘岛海域，70 cm。雌鱼（右图）颊部呈浅绿色，雄鱼（左图）眼睛、颊部和身体下半部均呈浅红色。

Daisy Parrotfish / *Chlorurus sordidus*
蓝绿绿鹦嘴鱼分布于印度洋-太平洋海域，40 cm。成鱼尾柄呈浅绿色，幼鱼身体上有条纹。

Steephead Parrotfish / *Chlorurus microrhinos*
小鼻绿鹦嘴鱼分布于太平洋海域，70 cm。雄鱼额部突出，尾鳍呈新月形。

Pacific Longnose Parrotfish / *Hipposcarus longiceps*
长头马鹦嘴鱼分布于太平洋海域，50 cm。吻部较长。

Forsten's Parrotfish / *Scarus forsteni*
绿唇鹦嘴鱼分布于太平洋海域，55 cm。雌鱼呈浅褐色，身体上有白色斑块。

Yellowfin Parrotfish / *Scarus avipectoralis*
黄鳍鹦嘴鱼分布于西太平洋中部海域，30 cm。雄鱼（左图）尾柄上有黄色长条形斑块，雌鱼（右图）胸鳍基部有黄色斑块。

Bluebarred Parrotfish / *Scarus ghobban*

青点鹦嘴鱼分布于印度洋–太平洋海域，75 cm。雄鱼（左图）整体呈浅蓝色，鳍呈粉红色，鳍缘呈蓝色。雌鱼（右图）呈黄色。

Bridled Parrotfish / *Scarus frenatus*

网纹鹦嘴鱼分布于印度洋–太平洋海域，50 cm。呈深绿色，身体上有粉色蠕虫状斑纹。

Greenthroat Parrotfish / *Scarus prasiognathos*

绿颌鹦嘴鱼分布于印度洋–西太平洋海域，70 cm。颊部呈绿色，胸鳍呈蓝色。

Dusky Parrotfish / *Scarus niger*

黑鹦嘴鱼分布于印度洋–太平洋海域，35 cm。雄鱼（左图）鳃盖上角处有深色缘绿色斑块。右图中为幼鱼。

Common Parrotfish / *Scarus psittacus*

棕吻鹦嘴鱼分布于印度洋–太平洋海域，30 cm。背鳍下方有浅黄色条纹。

Quoy's Parrotfish / *Scarus quoyi*

瓜氏鹦嘴鱼分布于印度洋–西太平洋海域，40 cm。雄鱼胸鳍基部有粉色斑块。

Ember Parrotfish / *Scarus rubrioviolaceus*

钝头鹦嘴鱼分布于印度洋-太平洋海域，70 cm。雄鱼（左图）头部隆起，尾鳍呈新月形。雌鱼（右图）呈浅红褐色，身体上有白色斑块。

Surf Parrotfish / *Scarus rivulatus*

截尾鹦嘴鱼分布于西太平洋海域，40 cm。雄鱼（左图）头部有粉色波纹状斑纹。雌鱼（右图）鳍呈浅紫色，腹部有 2 条浅色纵纹。

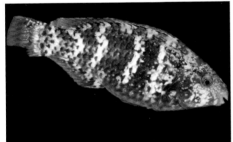

Yellowband Parrotfish / *Scarus schlegeli*

许氏鹦嘴鱼分布于太平洋海域，38 cm。雄鱼（右图）背部有 1~2 个黄色鞍状斑。雌鱼（左图）体色斑驳，身体上有浅色横纹。

Tricolor Parrotfish / *Scarus tricolor*

三色鹦嘴鱼分布于印度洋-太平洋海域，40 cm。雄鱼（左图）身体后半部呈浅黄色。雌鱼（右图）体色较深，臀鳍和尾鳍呈橘色。

Greensnout Parrotfish / *Scarus spinus*
刺鹦嘴鱼分布于太平洋海域，30 cm。雄鱼颊部和鳃盖上有黄色椭圆形斑块。

Red Parrotfish / *Scarus xanthopleura*
黄肋鹦嘴鱼分布于印度洋-西太平洋海域，54 cm。雄鱼颊部有深绿色斑块。

Speckled Sandperch / *Parapercis hexophtalma*
六睛拟鲈分布于印度洋-西太平洋海域，23 cm。尾鳍上有黑色斑块，身体下部有成排的黄色缘眼状斑。右图中为幼鱼。

Redbar Sandperch / *Parapercis bimacula*
双斑拟鲈分布于印度洋-西太平洋海域，13 cm。眼睛下方有一个粉色椭圆形斑块和2个黑色斑点。

Latticed Sandperch / *Parapercis clathrata*
四斑拟鲈分布于印度洋-西太平洋海域，18 cm。尾鳍上有白色条纹。雄鱼身体上有眼状斑。

Cylindrical Sandperch / *Parapercis cylindrica*
圆拟鲈分布于西太平洋海域，12 cm。身体下半部有深色横纹，横纹之间有黑色斑块。

Nosestripe Sandperch / *Parapercis lineopunctata*
线斑拟鲈分布于西太平洋海域，10 cm。从吻端到眼睛有黑色条纹。

Blackdotted Sandperch / *Parapercis millepunctata*
雪点拟鲈分布于印度洋–太平洋海域，18 cm。背部密布斑块。

Redbarred Sandperch / *Parapercis multiplicata*
织纹拟鲈分布于西太平洋海域，15 cm。背部有浅色虚线纹。

Redspotted Sandperch / *Parapercis schauinslandii*
玫瑰拟鲈分布于印度洋–太平洋海域，13 cm。第一背鳍呈黑色，鳍缘呈红色；尾鳍基部有 2 个深红色斑点。

U-mark Sandperch / *Parapercis snyderi*
史氏拟鲈分布于西太平洋海域，11 cm。尾鳍上有红色斑点，眼睛下方有蓝色条纹。

Reticulated Sandperch / *Parapercis tetracantha*
斑纹拟鲈分布于西太平洋海域，26 cm。背鳍上有 3 排黑色斑点。

Yellowbar Sandperch / *Parapercis xanthozona*
黄纹拟鲈分布于印度洋–西太平洋海域，23 cm。雄鱼（左图）呈黄色，颊部有白色条纹。雌鱼（右图）颊部有黄色和白色条纹。

Elegant Sand-Diver / *Trichonotus elegans*

美丽毛背鱼分布于印度洋-西太平洋海域，17 cm。雄鱼（左图）第一背鳍呈黑色，延长呈丝状。雌鱼（右图）身体上有深色纵纹。通常聚集成较大的群体。

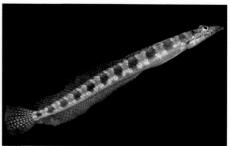

Goldbar Sand-Diver / *Trichonotus halstead*

哈氏毛背鱼分布于西太平洋海域，14 cm。体侧有 10 条浅褐色横纹，背鳍上有深色斑块。

Spotted Sand-Diver / *Trichonotus setiger*

毛背鱼分布于西太平洋海域，19 cm。身体上有 9~12 个褐色鞍状斑。

Springer's Sand-Diver / *Pteropsaron springeri*

斯氏帆鳍鲈䲁分布于西太平洋中部海域，3.5 cm。雄鱼（左图）第一背鳍延长，雌鱼（右图）第一背鳍呈黑色。

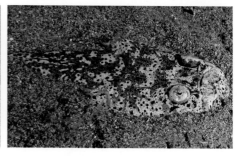

Marbled Stargazer / *Uranoscopus bicinctus*

双斑䲁分布于印度洋-西太平洋海域，35 cm。夜行性动物常把身体埋在海沙中。背部有浅褐色大理石斑纹，尾鳍呈圆形，身体上有 2 条边缘模糊的褐色条纹。

White-Spotted Stargazer / *Uranoscopus* cf. *japonicas*

日本膳（近似种） 分布于印度尼西亚安汶岛海域，18 cm。背部呈浅褐色，有白色斑点。

Whitemargin Stargazer / *Uranoscopus sulphureus*

白缘膳 分布于印度洋–太平洋海域，35 cm。整体呈类白色，局部呈褐色。

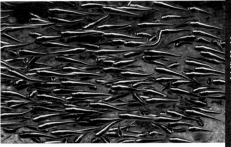

Convict Blenny / *Pholidichthys leucotaenia*

白条锦鳗鳚 分布于西太平洋中部海域，34 cm。成鱼（左图）身体上有深色横纹，极其神秘。幼鱼（右图）常聚集成大群。（右图由奥德·克里斯滕松拍摄）

Halfblack Triplefin / *Enneapterygius hemimelas*

半黑双线鳚 分布于西太平洋海域，5 cm。雌鱼吻部下方有褐色条纹。

Miracle Triplefin / *Enneapterygius mirabilis*

奇异双线鳚 分布于印度洋–西太平洋海域，3 cm。第二背鳍和第三背鳍上各有一个金色鞍状斑。

Crown Triplefin / *Enneapterygius* cf. *tutuilae*

隆背双线鳚（近似种） 分布于印度尼西亚海域，3 cm。第一背鳍较长。辨别特征暂定。

High-Hat Triplefin / *Enneapterygius tutuilae*

隆背双线鳚 分布于印度洋–西太平洋海域，3 cm。身体透明，身体上有黑色、红色和白色斑块或斑点。

Minute Triplefin / *Enneapterygius philippinus*

菲律宾双线鳚分布于印度洋-太平洋海域，4 cm。雌鱼尾柄上有黑色横纹。

Neglected Triplefin / *Helcogramma desa*

矶弯线鳚分布于西太平洋海域，5.5 cm。眼睛下方有蓝色条纹，胸鳍基部有蓝色斑点。

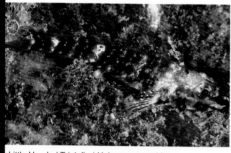

Little Hooded Triplefin / *Helcogramma chica*

奇卡弯线鳚分布于印度洋-西太平洋海域，4 cm。雄鱼（左图）吻部、颊部和胸鳍基部呈黑色。雌鱼（右图）呈浅绿色，半透明，身体上有成对的红褐色横纹。

Black-Rhino Triplefin / *Helcogramma melanolancea*

黑吻弯线鳚分布于印度尼西亚弗洛勒斯岛和巴厘岛海域，4 cm。雄鱼吻部长而尖，眼睛下方有蓝色条纹。与在泰国及菲律宾海域发现的锉角弯线鳚外形相似。

Striped Triplefin / *Helcogramma striata*

纵带弯线鳚分布于西太平洋海域，5 cm。是最常见的三鳍鳚。

Checkered Triplefin / *Helcogramma* cf. *striata*

纵带弯线鳚（近似种）分布于科莫多岛海域，5 cm。身体上有棋盘状斑纹。

三鳍鳚科 TRIPLEFINS

156

Scarf Triplefin / *Helcogramma trigloides*

斑鳍弯线鳚分布于西太平洋海域，5 cm。雌鱼上唇呈深色，身体上有红色和白色的斜条纹。

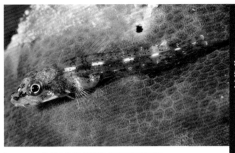

Largemouth Triplefin / *Ucla xenogrammus*

沟线突颌三鳍鳚分布于西太平洋海域，5.7 cm。雌鱼吻部有叉形斑纹。

Lance Blenny / *Aspidontus dussumieri*

杜氏盾齿鳚分布于印度洋-太平洋海域，12 cm。呈浅绿色，身体上有深色和白色纵纹。

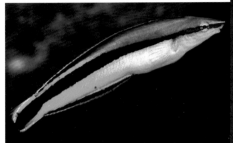

False Cleanerfish / *Aspidontus taeniatus*

纵带盾齿鳚分布于印度洋-太平洋海域，11 cm。能模拟裂唇鱼。

Forktail Fangblenny / *Meiacanthus atrodorsalis*

金鳍稀棘鳚分布于西太平洋海域，11 cm。背鳍和尾鳍呈浅黄色（左图）。分布于印度尼西亚哈马黑拉岛至所罗门群岛海域的灰色体色型（右图）可能是一个新种，尚未被描述。

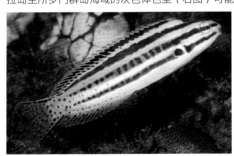

Striped Fangblenny / *Meiacanthus grammistes*

黑带稀棘鳚分布于西太平洋海域，10 cm。身体上的纵纹渐变为斑点。

Disco Fangblenny / *Meiacanthus smithi*

史氏稀棘鳚分布于印度洋至巴厘岛海域，8 cm。身体上有黑色纵纹和穿过眼睛的斜条纹。

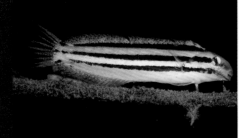

Shorthead Fangblenny / *Petroscirtes breviceps*

短头跳岩鳚分布于印度洋-西太平洋海域，13 cm。能模拟黑带稀棘鳚。

Floral Fangblenny / *Petroscirtes mitratus*

高鳍跳岩鳚分布于印度洋-太平洋海域，8 cm。第一背鳍高耸。

Variable Fangblenny / *Petroscirtes variabilis*

变色跳岩鳚分布于印度洋-西太平洋海域，8 cm。呈橄榄色或浅黄色，身体上有白色斑点。

Smooth Fangblenny / *Petroscirtes xestus*

光跳岩鳚分布于印度洋-太平洋海域，7.5 cm。体侧中部有不规则的纵纹。

Hairtail Snakeblenny / *Xiphasia setifer*

带鳚分布于印度洋-西太平洋海域，55 cm。身体细长，呈鳗形。身体上有褐色横纹。背鳍延长。

Bicolor Fangblenny / *Plagiotremus laudandus*

云雀短带鳚分布于西太平洋海域，8 cm。吻部呈浅红色，头部有穿过吻部的白色纵纹，靠近背鳍缘处呈深色。

Bluestriped Fangblenny / *Plagiotremus rhinorhynchos*

粗吻短带鳚分布于印度洋-太平洋海域，12 cm。体色多变，体侧的 2 条浅蓝色纵纹在吻端交汇。

Piano Fangblenny / *Plagiotremus tapeinosoma*

窄体短带鳚分布于印度洋-太平洋海域，12 cm。身体上有黑色和黄色纵纹，尾鳍呈浅黄色。

Eared Blenny / *Cirripectes auritus*

项斑穗肩鳚分布于印度洋-西太平洋海域，9 cm。鳃盖后缘上角处有明显的黑色斑块。

Chestnut Blenny / *Cirripectes castaneus*

颊纹穗肩鳚分布于印度洋-西太平洋海域，11 cm。身体上有浅红色斜条纹。

Springer's Blenny / *Cirripectes springeri*

斯氏穗肩鳚分布于西太平洋海域，7 cm。身体上有浅红色斑点。

Red-Streaked Blenny / *Cirripectes stigmaticus*

点斑穗肩鳚分布于印度洋-太平洋海域，12 cm。呈浅绿色或浅褐色，身体上有红色网纹。

East Indian Lipsucker / *Andamia heteroptera*

异鳍唇盘鳚分布于印度洋–西太平洋海域，7 cm。身体上有不规则的波纹状横纹。

Four-Fingered Lipsucker / *Andamia tetradactylus*

四指唇盘鳚分布于西太平洋海域，10 cm。背部有深色鞍状斑，头部有深色斑点。

Brown Coral Blenny / *Atrosalarias fuscus*

乌鳚分布于印度洋–太平洋海域，15 cm。背鳍隆起。幼鱼（左图）呈亮黄色，成鱼（右图）体色接近黑色。

Biliton Blenniella / *Blenniella bilitonensis*

对斑真动齿鳚分布于西太平洋海域，11 cm。身体上有浅红色窄纵纹和 H 形鞍状斑。

Red-Spotted Blenniella / *Blenniella chrysospilos*

红点真动齿鳚分布于印度洋–太平洋海域，13 cm。头部有红色斑点。

Dash-Line Blenniella / *Blenniella interrupta*

断纹真动齿鳚分布于西太平洋海域，6 cm。雄鱼（左图）前额有红色蜘蛛状斑纹，体侧有方格状斑纹。雌鱼（右图）眼睛后方有红色斜纹。

Triplespot Blenny / *Crossosalarias macrospilus*
缀凤鳚分布于西太平洋海域，8 cm。背鳍基部前方有深褐色斑块，喉部有 2 个深色斑点。

Axelrod's Coralblenny / *Ecsenius axelrodi*
阿氏异齿鳚分布于西太平洋中部海域，5 cm。呈橘色或灰色，鳃盖上方有黑色斑点。

Banda Coralblenny / *Ecsenius bandanus*
班达异齿鳚分布于西太平洋海域，4 cm。眼睛后方和两眼间有黑色纵纹。

Bath's Coralblenny / *Ecsenius bathi*
巴氏异齿鳚分布于西太平洋中部海域，4.4 cm。与阿氏异齿鳚外形相似，但鳃盖上没有黑色斑点。

Two-Color Coralblenny / *Ecsenius bicolor*
二色异齿鳚分布于印度洋–太平洋海域，10 cm。体色多变，眼睛后方有浅红色或浅色条纹。

Two-Color Coralblenny / *Ecsenius bicolor*

二色异齿鳚分布于印度洋-太平洋海域。

Twinspot Coralblenny / *Ecsenius bimaculatus*

双斑异齿鳚分布于西太平洋海域，4 cm。身体中线下方有 2 个黑色大斑块。

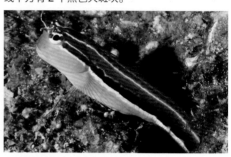

Bluebelly Coralblenny / *Ecsenius caeruliventris*

苏拉威西异齿鳚分布于印度尼西亚托米尼湾海域，3.2 cm。

Lined Coralblenny / *Ecsenius lineatus*

线纹异齿鳚分布于印度洋-西太平洋海域，9 cm。身体上半部呈灰褐色，有白色线纹。

Blackspot Coralblenny / *Ecsenius lividanalis*

蓝异齿鳚分布于西太平洋海域，5 cm。头部呈深蓝色，身体其他地方呈黄色；或者只有鳍呈黄色。

Persian Coralblenny / *Ecsenius midas*

金黄异齿鳚分布于印度洋-太平洋海域，13 cm。通体呈黄色，或者身体前半部呈淡紫色。

Black Coralblenny / *Ecsenius namiyei*

纳氏异齿鳚分布于西太平洋海域，10 cm。体色多样，从深褐色到深蓝色不一。从眼睛至唇部有浅色曲线纹，曲线纹有时很明显。

Eye-Spot Coralblenny / *Ecsenius ops*

蓝头异齿鳚分布于西太平洋中部海域，5.5 cm。眼睛后方有黑色斑点。

White-Lined Coralblenny / *Ecsenius pictus*

花异齿鳚分布于西太平洋中部海域，5 cm。尾鳍和尾柄呈浅黄色，尾柄上有褐色横纹。

Striped Coralblenny / *Ecsenius prooculis*

前眼异齿鳚分布于西太平洋海域，5.3 cm。呈类白色，身体上有黑色纵纹。

Shirley's Coralblenny / *Ecsenius shirleyae*

蓝腹异齿鳚分布于西太平洋海域，5 cm。头部有深色纵纹，腹部呈蓝色。

Schroeder's Coralblenny / *Ecsenius schroederi*

施氏异齿鳚分布于西太平洋海域，5 cm。体侧有2条白色虚线纹。

Tailspot Coralblenny / *Ecsenius stigmatura*

眼点异齿鳚分布于西太平洋海域，6 cm。尾柄上有明显的黑白双色斑块。

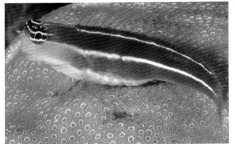

White-Lined Coralblenny / *Ecsenius taeniatus*

条纹异齿鳚分布于西太平洋中部海域，5 cm。呈灰褐色，体侧有2条白色纵纹。

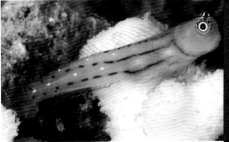

Three-Lined Coralblenny / *Ecsenius trilineatus*

三线异齿鳚分布于西太平洋中部海域，3 cm。鳃盖上有褐色线纹。

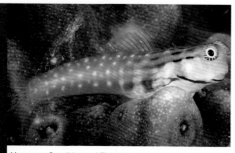

Yaeyama Coralblenny / *Ecsenius yaeyamaensis*

八重山岛异齿鳚分布于印度洋–西太平洋海域，6 cm。下颌上有褐色条纹，其后方靠近胸鳍处有 Y 形斑纹。

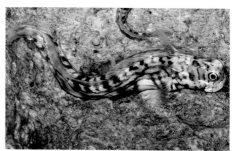

Rippled Rockskipper / *Istiblennius edentulus*

暗纹动齿鳚分布于印度洋–太平洋海域，17 cm。眼睛后方有深蓝色缘条纹。

Lined Rockskipper / *Istiblennius lineatus*

条纹动齿鳚分布于印度洋–太平洋海域，14 cm。头部有横纹，躯干上有纵纹。

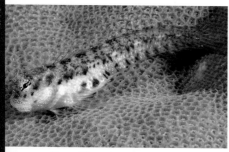

Throatspot Blenny / *Nannosalarias nativitatis*

矮凤鳚分布于印度洋–西太平洋海域，4 cm。身体上遍布白色斑点。出现婚姻色的雄鱼（右图）头部呈褐色，喉部呈红色。

Spotted And Barred Blenny / *Mimoblennius atrocinctus*

黑点仿鳚分布于印度洋–西太平洋海域，5 cm。身体上有白色斑点，头部和鳍上有红色斑块。

Leopard Blenny / *Exallias brevis*

豹鳚分布于印度洋–太平洋海域，15 cm。雄鱼身体上密布红色斑点，雌鱼呈褐色。

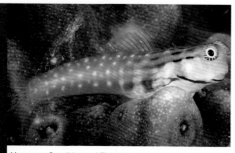

Jewelled Blenny / *Salarias fasciatus*

细纹凤鳚分布于印度洋-太平洋海域，14 cm。胸部和腹部有白色圆形大斑块，体侧有波纹状线纹。

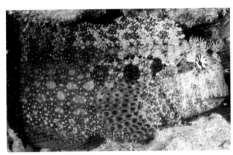

Seram Blenny / *Salarias ceramensis*

塞兰岛凤鳚分布于西太平洋中部海域，15 cm。鳃盖后方与眼睛齐平处有一排深色圆形大斑块。

Fine-Spot Blenny / *Salarias guttatus*

雨斑凤鳚分布于西太平洋海域，14 cm。胸部有浅色斑块，背鳍下方有粉色斑点。

Starry Blenny / *Salarias ramosus*

澳洲凤鳚分布于西太平洋中部海域，14 cm。呈深褐色，身体上密布浅蓝色斑点。

Segmented Blenny / *Salarias segmentatus*

薄凤鳚分布于西太平洋中部海域，7 cm。胸部有浅色大斑块，体侧有粉色斑块和横纹。

Urchin Clingfish / *Diademichthys lineatus*

线纹环盘鱼分布于印度洋-西太平洋海域，5 cm。常躲在海胆或分枝珊瑚间。雌鱼吻部较长。

Crinoid Clingfish / *Discotrema crinophilum*

琉球盘孔喉盘鱼分布于西太平洋海域，3 cm。身体上有 3 条浅黄色纵纹。

Broadhead Clingfish / *Conidens laticephalus*

黑纹锥齿喉盘鱼分布于西太平洋海域，3 cm。栖息于浅水区的岩礁下。

Oneline Clingfish / *Discotrema monogrammum*

单线盘孔喉盘鱼分布于印度洋-西太平洋海域，2.4 cm。栖息于海百合上。体侧上半部有白色纵纹。

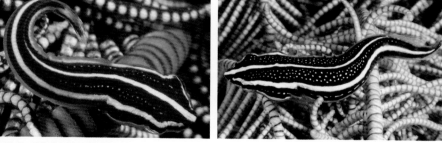

Doubleline Clingfish / *Lepadichthys lineatus*

双纹连鳍喉盘鱼分布于印度洋-太平洋海域，3 cm。栖息于海百合上。吻部突出，身体上有黄色或浅色纵纹，纵纹之间有斑点。

Tentacled Dragonet / *Anaora tentaculata*

指背䲗分布于西太平洋海域，6 cm。眼睛后方有长触须。

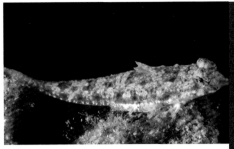

Dusky Dragonet / *Callionymus* sp.

䲗（未定种）分布于菲律宾海域，6 cm。下唇上有较暗的条纹。辨别特征暂定。

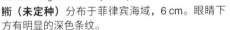

Darkbar Dragonet / *Callionymus* sp.

䲗（未定种）分布于菲律宾海域，6 cm。眼睛下方有明显的深色条纹。

Wongat Dragonet / *Callionymus zythros*

巴布亚新几内亚䲗分布于西太平洋中部海域，9.3 cm。颊部有黄色圆形斑。

Orange-Black Dragonet / *Dactylopus kuiteri*

基氏指脚䲗分布于西太平洋中部海域，15 cm。第一背鳍呈黄色和黑色，鳍棘没有延长呈丝状。右图为幼鱼。

Fingered Dragonet / *Dactylopus dactylopus*

指脚䲗分布于印度洋-太平洋海域，15 cm。雄鱼第一背鳍鳍棘延长呈丝状。

Flap-Gilled Dragonet / *Eleutherochir opercularis*

双鳍喉褶䲗分布于印度洋-西太平洋海域，11 cm。身体宽扁，呈斑驳的褐色。

Goram Dragonet / *Diplogrammus goramensis*

葛罗姆双线鮋分布于西太平洋中部海域，9 cm。身体上有深色和浅色斑点，身体下半部有深色和浅色长方形斑块组成的条纹。

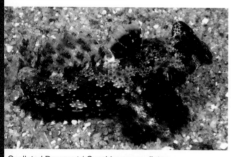

Ocellated Dragonet / *Synchiropus ocellatus*

眼斑连鳍鮋分布于太平洋海域，9 cm。鳃盖上有蓝色短条纹，喉部有蓝色斑点。左图中为深褐色体色型个体。

Morrison's Dragonet / *Synchiropus morrisoni*

莫氏连鳍鮋分布于西太平洋海域，8 cm。雄鱼（左图）呈浅红色，背鳍上有黄色缘深褐色条纹。雌鱼（右图）背鳍下方有褐色鞍状斑。

Moyer's Dragonet / *Synchiropus moyeri*

摩氏连鳍鮋分布于西太平洋海域，8.3 cm。呈浅红色。雌鱼（左图）第一背鳍呈深色，边缘呈白色。右图中为幼鱼。

摩氏连鳍鳉雄鱼第一背鳍上有褐色条纹。

Exclamation Point Dragonet / *Synchiropus corallinus*
珊瑚连鳍鳉分布于西太平洋中部海域，4 cm。（弗朗索瓦・利伯特 / 摄）

Mandarinfish / *Synchiropus splendidus*
花斑连鳍鳉分布于西太平洋海域，7 cm。栖息于碎石中，多聚集成小群体，极其害羞，仅在产卵时才会在黄昏时从藏身之处出来。右图中的雌鱼依偎在雄鱼的胸鳍上。

Picturesque Dragonet / *Synchiropus picturatus*
绣鳍连鳍鳉分布于印度洋-西太平洋海域，6.7 cm。体色艳丽。

Redback Dragonet / *Synchiropus tudorjonesi*
图氏连鳍鳉分布于西太平洋海域，5 cm。身体下部颜色较深。（伊琳娜・赫洛普诺娃 / 摄）

Arcfin Shrimpgoby / *Amblyeleotris arcupinna*
网鳍钝塘鳢分布于西太平洋中部海域，11 cm。通常成对出现，与鼓虾共生。第一背鳍上有褐色弧形斑纹。

Diagonal Shrimpgoby / *Amblyeleotris diagonalis*
斜带钝塘鳢分布于印度洋–太平洋海域，9 cm。吻部和颊部有褐色斜纹。

Giant Shrimpgoby / *Amblyeleotris fontanesii*
福氏钝塘鳢分布于西太平洋海域，25 cm。第一背鳍上有深色圆形斑块。

Spotted Shrimpgoby / *Amblyeleotris guttata*
点纹钝塘鳢分布于西太平洋海域，10 cm。嘴角处有红色斑点，头部后方有 2 条深色横纹。

Masked Shrimpgoby / *Amblyeleotris gymnocephala*
裸头钝塘鳢分布于印度洋–西太平洋海域，10 cm。眼睛后方至鳃盖缘有褐色纵纹。

Wide-Barred Shrimpgoby / *Amblyeleotris latifasciata*
侧纹钝塘鳢分布于西太平洋海域，13 cm。头部有浅蓝色斑点和条纹，背鳍上有浅蓝色缘橘色斑点。右图中为深色体色型个体。

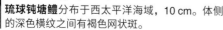

Masui's Shrimpgoby / *Amblyeleotris masuii*
琉球钝塘鳢分布于西太平洋海域，10 cm。体侧的深色横纹之间有褐色网状斑。

Newman's Shrimpgoby / *Amblyeleotris neumanni*
诺氏钝塘鳢分布于西太平洋海域，6 cm。背鳍鳍棘上有橘色眼状斑。

Blotchy Shrimpgoby / *Amblyeleotris periophthalma*

圆眶钝塘鳢分布于印度洋–西太平洋海域，9 cm。嘴角后方有红色斑块。

Randall's Shrimpgoby / *Amblyeleotris randalli*

兰道氏钝塘鳢分布于西太平洋海域，11 cm。第一背鳍非常独特。

Volcano Shrimpgoby / *Amblyeleotris rhyax*

林克钝塘鳢分布于西太平洋海域，10 cm。身体上有红色缘橘色斑点。

Redmargin Shrimpgoby / *Amblyeleotris rubrimarginata*

红缘钝塘鳢分布于西太平洋中部海域，11 cm。背鳍缘呈红色。

Steinitz' Shrimpgoby / *Amblyeleotris steinitzi*

史氏钝塘鳢分布于印度洋–太平洋海域，8 cm。身体浅色区有蓝色斑点，背鳍上有黄色斑点。

Gorgeous Shrimpgoby / *Amblyeleotris wheeleri*

威氏钝塘鳢分布于印度洋–太平洋海域，8 cm。身体上有 7 条浅红色波纹状横纹，头部有红色斑点。

Flagtail Shrimpgoby / *Amblyeleotris yanoi*

亚诺钝塘鳢分布于西太平洋海域，10 cm。背鳍和臀鳍上有蓝色缘条纹。

Blue-Speckled Shrimpgoby / *Cryptocentrus caeruleomaculatus*

棕斑丝虾虎鱼分布于印度洋–太平洋海域，8 cm。体侧有成排的黑色圆形斑块。

虾虎鱼科 GOBIES

171

Yellow Shrimpgoby / *Cryptocentrus cinctus*

黑唇丝虾虎鱼分布于西太平洋海域，8 cm。体色多变，身体前半部有浅蓝色斑点。

Cebu Shrimpgoby / *Cryptocentrus cebuanus*

长尾丝虾虎鱼分布于西太平洋中部海域，10 cm。头部有蓝色斑点，第一背鳍上有黑色圆形斑块。

Bluespot Shrimpgoby / *Cryptocentrus cyanospilotus*

蓝点丝虾虎鱼分布于西太平洋海域，7 cm。身体上有蓝色斑点，通常还有浅色横纹。

Variable Shrimpgoby / *Cryptocentrus fasciatus*

条纹丝虾虎鱼分布于印度洋–西太平洋海域，10 cm。体色多变，第一背鳍高于第二背鳍，臀鳍上有蓝色纵线纹。

Variable Shrimpgoby / *Cryptocentrus fasciatus*

条纹丝虾虎鱼有多种体色，左图中为黄色体色型个体。右图中为幼鱼，1 cm，体色接近黑色。

Inexplicable Shrimpgoby / *Cryptocentrus inexplicatus*

颊纹丝虾虎鱼分布于西太平洋海域，9 cm。鳃盖上有两排深色斑点，胸鳍基部有深色斑点。

Singapore Shrimpgoby / *Cryptocentrus melanopus*

黑斑丝虾虎鱼分布于西太平洋海域，10 cm。头部有粉色条纹。

Pink-Speckled Shrimpgoby / *Cryptocentrus leptocephalus*

斜带丝虾虎鱼分布于西太平洋海域，10 cm。头部色彩斑驳，有粉色条纹。

Peacock Shrimpgoby / *Cryptocentrus pavoninoides*

孔雀丝虾虎鱼分布于印度尼西亚海域，14 cm。栖息于较浅的粉砂质海湾的沙礁顶部。头部有蓝色斑点，背鳍上有 2~4 个深色斑点。雄鱼（右图）身体上有多条黄色横纹。左图中为雌鱼。

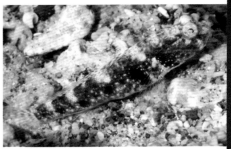

Blackblotch Shrimpgoby / *Cryptocentrus* sp.

丝虾虎鱼（未定种）分布于巴布亚新几内亚米尔恩湾海域。鳃盖后方有明显的长条形斑块。辨别特征暂定。

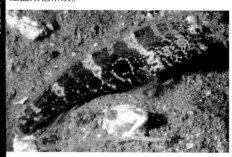

Ventral-Barred Shrimpgoby / *Cryptocentrus sericus*

横带丝虾虎鱼分布于印度洋–西太平洋海域，10 cm。体色多变，背鳍下方有白色鞍状斑，腹鳍上有红蓝双色条纹。

Target Shrimpgoby / *Cryptocentrus strigilliceps*

纹斑丝虾虎鱼分布于印度洋–太平洋海域，12 cm。头部色彩斑驳，体侧有数个黑色圆形斑块，且第一个斑块较大。

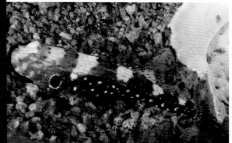

Blackspot Shrimpgoby / *Cryptocentrus nigrocellatus*

眼斑丝虾虎鱼分布于西太平洋海域，13 cm。身体上有 5 个白色鞍状斑和 1 个白色缘眼状斑。

Maude's Shrimpgoby / *Cryptocentrus maudae*

莫氏丝虾虎鱼分布于西太平洋中部海域，10 cm。身体上有 5 个浅色鞍状斑，斑块间有浅色横纹。

Blue-Fin Shrimpgoby / *Cryptocentrus* sp.

丝虾虎鱼（未定种）分布于菲律宾海域，6 cm。背部有 5 个浅褐色鞍状斑，背鳍上有蓝色线纹。雄鱼第一背鳍延长呈丝状，有黑色斑块。（左图由森秀树拍摄，右图由铃木晋一拍摄）

Pointedfin Shrimpgoby / *Cryptocentrus epakros*

长鳍丝虾虎鱼分布于菲律宾及巴布亚新几内亚海域，5 cm。身体呈黄色，有暗色横纹。

Tangaroa Shrimpgoby / *Ctenogobiops tangaroai*

长棘栉眼虾虎鱼分布于西太平洋海域，6.5 cm。背鳍的第一鳍棘延长。

Goldstreaked Shrimpgoby / *Ctenogobiops aurocingulus*

斜带栉眼虾虎鱼分布于西太平洋海域，9 cm。腹部有橘色横纹。

Sandy Shrimpgoby / *Ctenogobiops feroculus*

丝棘栉眼虾虎鱼分布于印度洋–西太平洋海域，8 cm。体侧有 3 排褐色斑点，眼睛后方有褐色斑点。

Scarlet Shrimpgoby / *Ctenogobiops crocineus*

褐斑栉眼虾虎鱼分布于印度洋–西太平洋海域，7 cm。体侧有 4 排褐色斑点，头部有 4 排虚线纹。

Thread Shrimpgoby / *Ctenogobiops mitodes*

丝背栉眼虾虎鱼分布于西太平洋海域，7 cm。眼睛后方至背鳍处有弯曲的蓝黄色虚线纹。

Gold-Speckled Shrimpgoby / *Ctenogobiops pomastictus*

点斑栉眼虾虎鱼分布于西太平洋海域，7 cm。体侧有 4 排褐色斑点，身体侧线以下有黄色圆形斑点，颊部下部有 3 个褐色斑点。

Lachner's Shrimpgoby / *Myersina lachneri*

拉氏犁突虾虎鱼分布于西太平洋海域，5 cm。第二背鳍缘呈蓝色，眼睛后方有白色纵纹。

Girdled Shrimpgoby / *Myersina yangii*

杨氏犁突虾虎鱼分布于西太平洋海域，6 cm。眼睛后方有蓝色斜纹，第一背鳍尖端呈蓝色。

Black-Line Shrimpgoby / *Myersina nigrivirgata*

黑带犁突虾虎鱼分布于西太平洋海域，10 cm。呈浅灰色或黄色，眼睛后方有深色纵纹，成鱼鳃盖上有蓝色斑点。

黑带犁突虾虎鱼体色多样，左图中为黄色体色型的成鱼，背鳍上有红色斑块。右图中为较小的成鱼。

Striped-Tail Shrimpgoby / *Myersina* sp.

犁突虾虎鱼（未定种）分布于菲律宾海域，6 cm。雄鱼（右图）尾鳍上有辐射状蓝色条纹。左图中为雌鱼。（铃木直志／摄）

Gold-Speckled Shrimpgoby / *Myersina* sp.

犁突虾虎鱼（未定种）分布于西太平洋海域，4 cm。身体上有蓝色虚线纹，背鳍上有金色斑点。右图为幼鱼。辨别特征暂定。（左图由久间部准一拍摄，右图由铃木晋一拍摄）

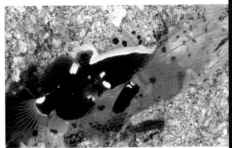

Yellow-Spotted Shrimpgoby / *Myersina crocata*

橘点犁突虾虎鱼分布于印度洋−西太平洋海域，11 cm。头部有黄色斑点。（久间部准一／摄）

Klausewitz' Shrimpgoby / *Lotilia klausewitzi*

克氏白头虾虎鱼分布于西太平洋海域，5 cm。前额呈白色，第一背鳍上有一个大眼状斑。

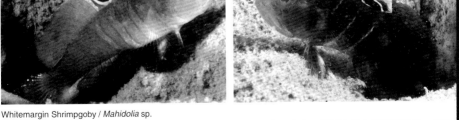

Whitemargin Shrimpgoby / *Mahidolia* sp.

巨颌虾虎鱼（未定种）分布于菲律宾海域，5 cm。第一背鳍缘呈白色，臀鳍上没有半透明条纹。栖息于较浅的粉沙质区域。

Flagfin Shrimpgoby / *Mahidolia mystacina*

大口巨颌虾虎鱼分布于印度洋-太平洋海域，7 cm。体色多变，头部有橘色条纹和斑点，第一背鳍后部通常有蓝色斑纹，臀鳍上通常有半透明条纹。

Black-Ray Shrimpgoby / *Stonogobiops nematodes*

丝鳍连膜虾虎鱼分布于印度洋-西太平洋海域，6 cm。吻部呈黄色，背鳍的前两个鳍棘延长。

Yellownose Shrimpgoby / *Stonogobiops xanthorhinica*

黄吻连膜虾虎鱼分布于西太平洋海域，6.5 cm。体色独特。

Orange-Striped Shrimpgoby / *Stonogobiops yasha*

红带连膜虾虎鱼分布于西太平洋、日本及新喀里多尼亚海域，6 cm。（鲁迪·库伊特 / 摄）

Lanceolate Shrimpgoby / *Tomiyamichthys lanceolatus*

梭形富山虾虎鱼分布于西太平洋海域，6 cm。雄鱼背鳍上有浅色缘黑色斑块。

Fan Shrimpgoby / *Tomiyamichthys latruncularius*

红海富山虾虎鱼分布于印度洋-西太平洋海域，6 cm。头部和背鳍上有深色缘橘色斑点。

Sail-Fin Shrimpgoby / *Tomiyamichthys* sp.

富山虾虎鱼（未定种）分布于菲律宾海域，5 cm。第一背鳍高耸，背鳍上有黑色斑点。

Scaleless Shrimpgoby / *Tomiyamichthys nudus*

裸身富山虾虎鱼分布于西太平洋海域，5 cm。背鳍呈扇形，背鳍鳍棘延长呈丝状。

Ocellated Shrimpgoby / *Tomiyamichthys russus*

眼斑富山虾虎鱼分布于西太平洋海域，12 cm。眼睛下方有深色条纹，背鳍上有浅色缘斑块。

Monster Shrimpgoby / *Tomiyamichthys oni*

奥奈氏富山虾虎鱼分布于西太平洋海域，11 cm。

眼睛下方有深色斜纹。左图中为雌鱼，右图中为雄鱼。

Smith's Shrimpgoby / *Tomiyamichthys smithi*

史氏富山虾虎鱼分布于西太平洋海域，15 cm。颊部有褐色条纹，躯干上有 12 条褐色横纹。

Brownband Shrimpgoby / *Tomiyamichthys zonatus*

花尾富山虾虎鱼分布于西太平洋海域，5 cm。腹部有橘褐色横纹，眼睛下方有深色斜纹。

Magnificent Shrimpgoby / *Tomiyamichthys* sp.

富山虾虎鱼（未定种）分布于西太平洋海域，6 cm。第一背鳍呈扇形，背鳍上有褐色斑点和浅色或黄色网状斑。

Longspot Shrimpgoby / *Tomiyamichthys tanyspilus*

长斑富山虾虎鱼分布于西太平洋海域，7 cm。体侧中线处有 5 个深色长条形斑块。左图中为暗色体色型个体。

虾虎鱼科 GOBIES

Ambanoro Shrimpgoby / *Vanderhorstia ambanoro*
安贝洛罗梵虾虎鱼分布于印度洋–西太平洋海域，7.3 cm。体侧有深色斑点和斑块，背鳍缘和尾鳍缘呈红色。左图中为暗色体色型个体。

Tapertail Shrimpgoby / *Vanderhorstia attenuata*
菊条梵虾虎鱼分布于西太平洋中部海域，6 cm。背鳍缘呈黄色。

Gold-Marked Shrimpgoby / *Vanderhorstia auronotata*
金背梵虾虎鱼分布于西太平洋海域，5 cm。身体上有黄色横线纹和深色横纹。

Dorsalspot Shrimpgoby / *Vanderhorstia dorsomacula*
背斑梵虾虎鱼分布于西太平洋海域，6 cm。呈浅蓝色，身体上有黄色斑点。左图中为雄鱼，第一背鳍上有深色斑块。右图中为雌鱼。

Yellow-Lined Shrimpgoby / *Vanderhorstia avilineata*
黄纹梵虾虎鱼分布于西太平洋海域，4.5 cm。

Bigfin Shrimpgoby / *Vanderhorstia* cf. *macropteryx*
大鳍梵虾虎鱼（近似种）分布于菲律宾及印度尼西亚海域，11 cm。尚未被描述。

虾虎鱼科 GOBIES

181

Mertens' Shrimpgoby / *Vanderhorstia mertensi*
默氏梵虾虎鱼分布于印度洋-西太平洋海域，11 cm。呈浅蓝色，身体上有黄色斑点。

Moon-Spotted Shrimpgoby / *Vanderhorstia nannai*
月斑梵虾虎鱼分布于西太平洋中部海域，3.3 cm。体侧有 2 排红色斑点。

Majestic Shrimpgoby / *Vanderhorstia nobilis*
尖尾梵虾虎鱼分布于西太平洋海域，7 cm。雌鱼第一背鳍上有黑色和黄色斑点。

Butter y Shrimpgoby / *Vanderhorstia papilio*
琉球梵虾虎鱼分布于西太平洋海域，6 cm。体侧有 5 个深色斑块，且散布橘色斑点。

Yellowfoot Shrimpgoby / *Vanderhorstia phaeosticta*
棕点梵虾虎鱼分布于印度洋-太平洋海域，5 cm。体色多变，身体上散布橘色斑点，且有成排的深色斑块，深色斑块旁有蓝黄色条纹。

Blackfin Shrimpgoby / *Vanderhorstia* sp.
梵虾虎鱼（未定种）分布于菲律宾海域，4 cm。栖息于较深的靠近珊瑚礁的沙质斜坡上。第一背鳍呈黑色，背鳍上有白色和黄色水滴状斑块。辨别特征暂定。（左图由森秀树拍摄，右图由铃木晋一拍摄）

Fivespot Shrimpgoby / *Vanderhorstia* sp.

梵虾虎鱼（未定种）分布于菲律宾海域，4.5 cm。体侧有 5 个黑色圆形斑块。（久间部准一 / 摄）

Red-Spotted Shrimpgoby / *Vanderhorstia* sp.

梵虾虎鱼（未定种）分布于菲律宾海域，5 cm。第二背鳍和尾鳍上均有红色斑块。

Yellow-Striped Shrimpgoby / *Vanderhorstia* sp.

梵虾虎鱼（未定种）分布于西太平洋海域，5 cm。背鳍下方有 2 条黄色波纹状纵纹。

Dark-Cheek Shrimpgoby / *Vanderhorstia* sp.

梵虾虎鱼（未定种）分布于菲律宾海域，4 cm。颊部有暗色斑块。

Large Whipgoby / *Bryaninops amplus*

狭鳃珊瑚虾虎鱼分布于印度洋-太平洋海域，4 cm。眼睛里的金色细环纹外圈为红色宽环纹。

Loki Whipgoby / *Bryaninops loki*

罗氏珊瑚虾虎鱼分布于印度洋-太平洋海域，3 cm。身体上有白色虚线纹和褐色鞍状斑。

Redeye Goby / *Bryaninops natans*

漂游珊瑚虾虎鱼分布于印度洋-太平洋海域，2.5 cm。通常出现在鹿角珊瑚上。眼睛呈紫色。

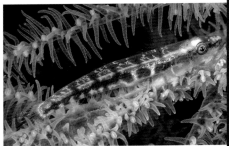

Black Whipgoby / *Bryaninops tigris*

虎纹珊瑚虾虎鱼分布于印度洋-太平洋海域，3 cm。身体内部有一条白线，背部有斜条纹。

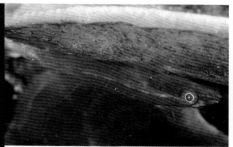

Translucent Goby / *Bryaninops translucens*

透明珊瑚虾虎鱼分布于印度尼西亚海域，2.3 cm。栖息于海绵上。头部侧面有红色窄条纹。

Whip Coralgoby / *Bryaninops yongei*

勇氏珊瑚虾虎鱼分布于印度洋-太平洋海域，3.5 cm。栖息于鞭角珊瑚上。身体下半部呈浅褐色。

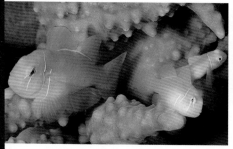

Lemon Coralgoby / *Gobiodon citrinus*

橙色叶虾虎鱼分布于印度洋-西太平洋海域，6.6 cm。栖息于鹿角珊瑚上。

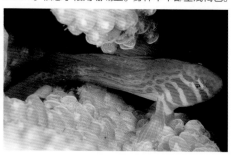

Broad-Barred Goby / *Gobiodon histrio*

宽纹叶虾虎鱼分布于印度洋-西太平洋海域，4 cm。呈绿色，身体上有红色纵纹和斑点。

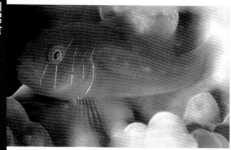

Elongate Coralgoby / *Gobiodon prolixus*

长叶虾虎鱼分布于印度洋-太平洋海域，4 cm。呈浅褐色，身体上有 5 条蓝色线纹。

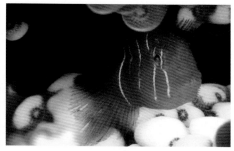

Five-Lined Coralgoby / *Gobiodon quinquestrigatus*

五带叶虾虎鱼分布于西太平洋中部海域，4 cm。整体呈深色，头部呈橘色，体侧有 5 条蓝色线纹。

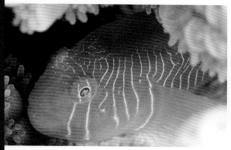

Multilined Coralgoby / *Gobiodon rivulatus*

沟叶虾虎鱼分布于印度洋-西太平洋海域，4 cm。栖息于鹿角珊瑚上。体色多变，身体上有大量浅蓝色线纹。

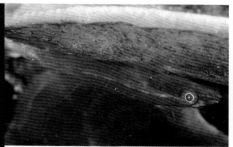

虾虎鱼科 GOBIES

184

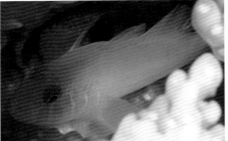

Barred Coralgoby / *Gobiodon* sp.

叶虾虎鱼（未定种）分布于印度尼西亚海域，3 cm。呈浅蓝色，头部略呈橘色。

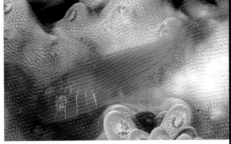

Bluemaze Coralgoby / *Gobiodon* sp.

叶虾虎鱼（未定种）分布于西太平洋海域，3.5 cm。栖息于鹿角珊瑚上。头部有蓝色波纹状线纹。

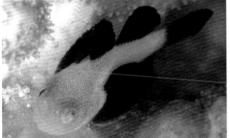

Blackfin Coralgoby / *Paragobiodon lacunicolus*

黑鳍副叶虾虎鱼分布于印度洋-太平洋海域，3 cm。栖息于鹿角杯形珊瑚上。鳍呈黑色。

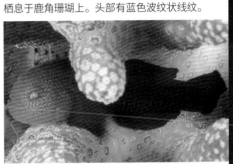

Redhead Coralgoby / *Paragobiodon echinocephalus*

棘头副叶虾虎鱼分布于印度洋-太平洋海域，4 cm。栖息于杯形珊瑚上。头部有乳头状突起。

Dark Coralgoby / *Paragobiodon melanosomus*

黑副叶虾虎鱼分布于印度洋-太平洋海域，4 cm。栖息于列孔珊瑚上。头部有黑色乳头状突起。

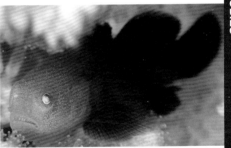

Warthead Coralgoby / *Paragobiodon modestus*

疣副叶虾虎鱼分布于印度洋-太平洋海域，3.5 cm。栖息于列孔珊瑚上。整体呈深色，头部呈橘色。

Yellow-Face Coralgoby / *Paragobiodon* sp.

副叶虾虎鱼（未定种）分布在印度尼西亚海域，3 cm。呈黄绿色，头部无乳头状突起。

Emerald Coralgoby / *Paragobiodon xanthosoma*

黄身副叶虾虎鱼分布于印度洋-太平洋海域，4 cm。呈黄绿色，头部有乳头状突起。

Wolfsnout Goby / *Luposicya lupus*

狼牙双盘虾虎鱼分布于印度洋-西太平洋海域，3.5 cm。吻部宽，有 2 条红褐色细线纹。

Flathead Goby / *Phyllogobius platycephalops*

平头叶状虾虎鱼分布于印度洋-西太平洋海域，3.5 cm。栖息于海绵上。头部和吻部扁平。

Scalynape Ghostgoby / *Pleurosicya annandalei*

项鳞腹瓢虾虎鱼分布于印度洋-西太平洋海域，3 cm。身体半透明，体表密布褐色斑点。

Seagrass Ghostgoby / *Pleurosicya bilobata*

双叶腹瓢虾虎鱼分布于印度洋-西太平洋海域，3 cm。呈绿色，身体半透明，有褐色条纹。

Seapen Goby / *Lobulogobius morrigu*

侧扁裂虾虎鱼分布于西太平洋海域，4 cm。眼睛至上唇、眼睛至鳃盖各有一条红色条纹。

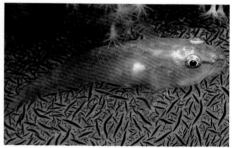

Soft-Coral Ghostgoby / *Pleurosicya boldinghi*

鲍氏腹瓢虾虎鱼分布于印度洋-西太平洋海域，4 cm。栖息于软珊瑚上。眼睛至上唇有红色条纹。

Caroline Ghostgoby / *Pleurosicya carolinensis*

卡罗林腹瓢虾虎鱼分布于西太平洋海域，3.2 cm。栖息于海绵上。身体上有深色斑点，背鳍下方有深色鞍状斑。辨别特征暂定。

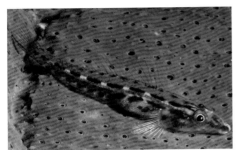

Cling Ghostgoby / *Pleurosicya elongate*
长体腹瓢虾虎鱼分布于印度洋-西太平洋海域，
4 cm。身体上红白相间的纵纹下方有褐色斑块。

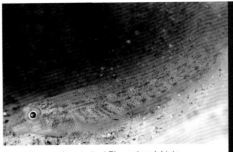

Barrel-Sponge Ghostgoby / *Pleurosicya labiata*
粗唇腹瓢虾虎鱼分布于印度洋-西太平洋海域，
4 cm。栖息于桶形海绵上。胸鳍后方有褐色斜纹。

Bubble Coral Ghostgoby / *Pleurosicya micheli*
米氏腹瓢虾虎鱼分布于印度洋-太平洋海域，
3 cm。身体上有褐色纵纹，纵纹上有白色斑块。

Folded Ghostgoby / *Pleurosicya plicata*
皱褶腹瓢虾虎鱼分布于印度洋-西太平洋海域，
3 cm。吻部有浅红色条纹，身体上有斑点。

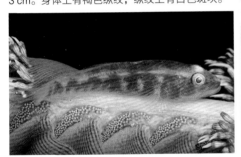

Mozambique Ghostgoby / *Pleurosicya mossambica*
莫桑比克腹瓢虾虎鱼分布于印度洋-太平洋海域，2.5 cm。寄居在非特定宿主上。体色多变，眼睛周围有红色环纹，身体内部有类白色虚线纹，胸鳍基部上方通常有白色斑点。

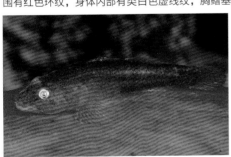

Soft-Coral Ghostgoby / *Pleurosicya muscarum*
鬼形腹瓢虾虎鱼分布于印度洋-西太平洋海域，
2.6 cm。身体半透明。辨别特征暂定。

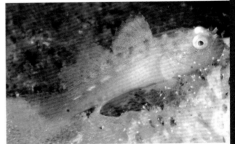

Bryozoan Goby / *Sueviota bryozophyla*
蕾丝苔藓猪虾虎鱼分布于西太平洋海域，1.3 cm。
与三叶苔虫共生。

Blackfoot Goby / *Asterropteryx atripes*

琉球星塘鳢分布于西太平洋海域，2.7 cm。呈褐色，身体上有蓝色斑点。

Twinspot Goby / *Asterropteryx bipunctata*

双斑星塘鳢分布于印度洋–太平洋海域，4 cm。尾柄和第一背鳍上有深色斑块。

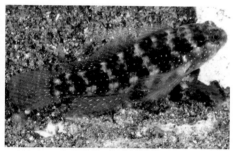

Bluedot Goby / *Asterropteryx ensifera*

剑星塘鳢分布于印度洋–太平洋海域，3.5 cm。呈褐色，身体上有蓝色斑点。

Starry Goby / *Asterropteryx semipunctata*

半斑星塘鳢分布于印度洋–太平洋海域，5 cm。身体上有深色斑块和蓝色斑点。

Striped Goby / *Asterropteryx striata*

条纹星塘鳢分布于西太平洋中部海域，3 cm。右图中为条纹体色型个体。左图中为深色体色型个体，头部和腹部呈浅色，身体上有成排的蓝色斑点。

Eyebar Spiny Goby / *Asterropteryx spinosa*

棘星塘鳢分布于印度洋–西太平洋海域，4.3 cm。眼睛下方有黑色条纹，尾柄上有深色斑块。

Whiskered Goby / *Discordipinna* sp.

异翼虾虎鱼（未定种）分布于西太平洋海域，2.5 cm。体色艳丽。尚未被描述。

虾虎鱼科 GOBIES

188

Flame Goby / *Discordipinna griessingeri*

格氏异翼虾虎鱼分布于印度洋-太平洋海域，2.9 cm。背鳍和尾鳍上有暗色斑块。(佐藤洋一/摄)

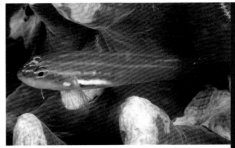

Blackbelly Dwarfgoby / *Eviota atriventris*

乌腹矶塘鳢分布于太平洋海域，2.5 cm。体侧有2条亮黄色纵纹，腹部呈黑白双色。

Twospots Dwarfgoby / *Eviota cf. bifasciata*

丝鳍矶塘鳢（近似种）分布于西太平洋海域，3 cm。尾柄上有长条形黑色斑块。

Twostripe Dwarfgoby / *Eviota bifasciata*

丝鳍矶塘鳢分布于西太平洋海域，3 cm。尾鳍基部下方有深色斑点。

Redbelly Dwarfgoby / *Eviota nigriventris*

黑腹矶塘鳢分布于西太平洋海域，3 cm。眼睛上方有白色短条纹。

Brahm's Dwarfgoby / *Eviota brahmi*

布氏矶塘鳢分布于西太平洋海域，2 cm。吻部呈黑色，身体上有褐色宽纵纹。

Comet Dwarfgoby / *Eviota cometa*

对斑矶塘鳢分布于西太平洋中部海域，2.4 cm。尾柄上有深色斑块，身体下半部有黄色斑块。

Lachdebere's Dwarfgoby / *Eviota lachdeberei*

高体矶塘鳢分布于西太平洋海域，2.6 cm。体侧有3个白色圆形斑点。

Headspot Dwarfgoby / *Eviota melasma*

黑体矶塘鳢分布于西太平洋海域，3 cm。鳃孔处有深色斑块，眼睛后方有 2 个橘色斑块。

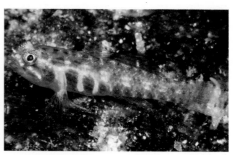

Teresa's Dwarfgoby / *Eviota* cf. *teresae*

特氏矶塘鳢（近似种）分布于西太平洋海域，2 cm。眼睛上部有浅红色斑点。

Polkadot Dwarfgoby / *Eviota maculosa*

腹斑矶塘鳢分布于印度洋-西太平洋海域，2 cm。腹部有长方形斑块。

Paintedface Dwarfgoby / *Eviota pictifacies*

花斑矶塘鳢分布于西太平洋海域，1.6 cm。眼睛正下方有 2 个红色斑点。

Twin Dwarfgoby / *Eviota fallax*

似裸胸矶塘鳢分布于西太平洋海域，2.3 cm。眼睛后方有一个橘色斑点。右图中为鳃盖上有深色斑点的个体。与黑体矶塘鳢外形相似，区别在于本种左右腹鳍不分离，由鳍膜连接在一起。

Rubble Dwarfgoby / *Eviota prasina*

葱绿矶塘鳢分布于印度洋-西太平洋海域，4 cm。呈浅绿色，体侧有 6~7 条浅红色横纹。

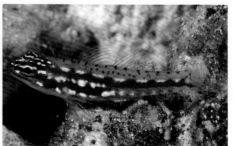

Hairfin Dwarfgoby / *Eviota prasites*

胸斑矶塘鳢分布于西太平洋海域，3.5 cm。体侧有 3 排白色斑点。

虾虎鱼科 GOBIES

190

Pinui Dwarfgoby / Eviota punyit

潘奕特岛矶塘鳢分布于印度洋-西太平洋海域，2 cm。体侧有红色纵纹，尾柄上有黑色斑点。

Sebree's Pygmy Goby / Eviota sebreei

希氏矶塘鳢分布于印度洋-太平洋海域，2.5 cm。与潘奕特岛的矶塘鳢外形相似，体侧有黑色纵纹。

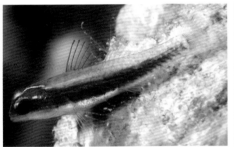

Redhead Dwarfgoby / Eviota rubriceps

丹顶矶塘鳢分布于西太平洋海域，1.8 cm。头部呈红色，有 2 条白色短纵纹。

Redspeckled Dwarfgoby / Eviota rubrisparsa

赤点矶塘鳢分布于印度洋-西太平洋海域，2 cm。眼睛后方有橘色短纵纹。

Queensland Dwarfgoby / Eviota queenslandica

昆士兰矶塘鳢分布于印度洋-西太平洋海域，3 cm。呈浅绿色。头部颜色较深，有白色斑点。

Shimada's Dwarfgoby / Eviota shimadai

岛田氏矶塘鳢分布于西太平洋海域，2 cm。背部有成排的红色斑点，臀鳍上方有红色横纹。

Adorned Dwarfgoby / Eviota sigillata

大印矶塘鳢分布于印度洋-西太平洋海域，3 cm。臀鳍基部上方有红色斜纹，背部有红色斑点。

Spottedfin Dwarfgoby / Eviota spilota

斑点矶塘鳢分布于西太平洋海域，3.3 cm。颊部有褐色纵纹，第一背鳍有 5 条延长的鳍棘。

Storthynx Dwarfgoby / *Eviota storthynx*
颏斑矶塘鳢分布于西太平洋海域，2.8 cm。胸鳍后方有褐色斑块，斑块上有不规则的白色斑点。

Hookcheek Dwarfgoby / *Eviota ancora*
钩矶塘鳢分布于西太平洋海域，2 cm。颊部有橘色钩形斑纹。

Transparent Dwarfgoby / *Eviota pellucida*
透体矶塘鳢分布于西太平洋中部海域，2.1 cm。身体后半部有成排的红色斑点。

Zebra Dwarfgoby / *Eviota zebrina*
条尾矶塘鳢分布于印度洋–西太平洋海域，2.4 cm。尾柄上有深色圆形斑块。

Bali Goby / *Grallenia baliensis*
巴厘岛格拉伦虾虎鱼分布于西太平洋海域，2.5 cm。眼睛下方有条纹，身体上有黑色纵纹。

Ornamented Goby / *Grallenia lipi*
利氏格拉伦虾虎鱼分布于印度尼西亚及马来西亚海域，2.4 cm。身体透明，身体上有浅红色斑纹。

Redstripe Goby / *Grallenia rubrilineata*
红带格拉伦虾虎鱼分布于菲律宾海域，2 cm。身体透明，身体上有红褐色斑纹，尾柄上有 2 条弯曲的深色条纹，条纹之间通常有白色斑点。左图中为雌鱼，右图中为雄鱼。

Dinah's Goby / *Lubricogobius dinah*

琉球群岛裸叶虾虎鱼分布于印度尼西亚、巴布亚新几内亚及日本海域，2.1 cm。背部呈白色。

Yellow Goby / *Lubricogobius exiguus*

短身裸叶虾虎鱼分布于西太平洋海域，4 cm。整体呈亮黄色，眼睛呈蓝色。

Tiny Goby / *Lubricogobius nanus*

小体裸叶虾虎鱼分布于印度尼西亚及巴布亚新几内亚海域，1.1 cm。整体呈褐色，鳍呈浅黄色。

Girdled Goby / *Priolepis cincta*

横带锯鳞虾虎鱼分布于印度洋-西太平洋海域，5 cm。身体上有白色和浅褐色横纹，尾鳍上有褐色斑。

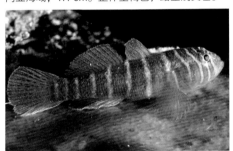

Pale-Barred Goby / *Priolepis pallidicincta*

淡带锯鳞虾虎鱼分布于西太平洋海域，3.6 cm。鳍呈黄色，身体上有黄褐色宽横纹。

Narrowbar Goby / *Priolepis profunda*

深水锯鳞虾虎鱼分布于印度洋-西太平洋海域，4.4 cm。身体上的白色线纹与褐色宽横纹相间。

Orange Goby / *Priolepis nuchifasciata*

项纹锯鳞虾虎鱼分布于西太平洋海域，3.2 cm。呈浅红色，背鳍上有红色斑点。

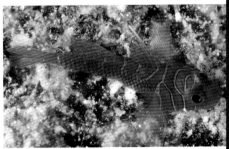

Ribbon Goby / *Priolepis vexilla*

旗鳍锯鳞虾虎鱼分布于西太平洋中部海域，2.4 cm。与项纹锯鳞虾虎鱼外形相似，但鳍棘数量不同。

Broadband Goby / *Priolepis latifascima*

侧带锯鳞虾虎鱼分布于西太平洋海域，2.1 cm。头部呈橘色，躯干和鳍呈黄色。

Yellowfin Goby / *Priolepis* sp.

锯鳞虾虎鱼（未定种）分布于菲律宾宿务岛海域，2 cm。呈深褐色，身体上有浅色横纹。鳍呈黄色。

Stripless Goby / *Priolepis* sp.

锯鳞虾虎鱼（未定种）分布于菲律宾海域，2 cm。呈红褐色，身体上无明显条纹。（山村哲一 / 摄）

White-Striped Goby / *Priolepis* sp.

锯鳞虾虎鱼（未定种）分布于菲律宾海域，2 cm。呈深褐色，身体上有白色横纹。（铃木晋一 / 摄）

Three-Eyed Dwarfgoby / *Trimma trioculatum*

眼斑磨塘鳢分布于印度尼西亚及巴布亚新几内亚海域，2.2 cm。颊部有 2 条红色条纹，第一背鳍上有黑色斑块。

Pale Dwarfgoby / *Trimma anaima*

透明磨塘鳢分布于印度洋-西太平洋海域，2 cm。身体上半部透明，眼睛下方有浅蓝色条纹。

Greybearded Dwarfgoby / *Trimma annosum*

橘点磨塘鳢分布于印度洋-西太平洋海域，2.9 cm。身体上有橘色横纹。

虾虎鱼科 GOBIES

194

Ring-Eye Dwarfgoby / *Trimma benjamini*

本氏磨塘鳢分布于西太平洋海域，3 cm。眼睛周围有浅色环纹。

Candycane Dwarfgoby / *Trimma cana*

黄横带磨塘鳢分布于西太平洋海域，3.2 cm。身体透明，身体上有亮红色横纹。

Holleman's Goby / *Trimma hollemani*

霍氏磨塘鳢分布于西太平洋海域，3 cm。背鳍略延长，头部无蓝色斑点，双眼间有纵纹。

Bluestripe Dwarfgoby / *Trimma tevegae*

底斑磨塘鳢分布于印度洋-西太平洋海域，3.5 cm。双眼间无纵纹，背鳍短，尾柄上有斑块。

Blotch-Tailed Dwarfgoby / *Trimma caudomaculatum*

尾斑磨塘鳢分布于印度洋-太平洋海域，3 cm。尾鳍基部有大斑块。（森秀树 / 摄）

Lilac Dwarfgoby / *Trimma nomurai*

诺氏磨塘鳢分布于西太平洋海域，2 cm。胸鳍基部有深褐色斑块。（久间部准一 / 摄）

Bloodspot Dwarfgoby / *Trimma haimassum*

血点磨塘鳢分布于西太平洋海域，4 cm。眼睛上方有蓝色斑点，下方有紫色条纹。

Redspot Dwarfgoby / *Trimma halonevum*

红小斑磨塘鳢分布于印度洋-西太平洋海域，3 cm。身体上有红色斑点。

Large-Eye Dwarfgoby / *Trimma macrophthalmum*

大眼磨塘鳢分布于印度洋–西太平洋海域，2.7 cm。胸鳍基部有 2 个红色斑点。

Princess Dwarfgoby / *Trimma marinae*

滨海磨塘鳢分布于西太平洋海域，2.7 cm。身体上半部透明，吻部有蓝白色条纹。

Nasal Dwarfgoby / *Trimma nasa*

大鼻磨塘鳢分布于西太平洋海域，2.8 cm。胸鳍基部后方局部呈粉黄色。

Naude's Dwarfgoby / *Trimma naudei*

丝背磨塘鳢分布于印度洋–西太平洋海域，3.5 cm。体侧有 3 排白色斑点。

Red-Spotted Dwarfgoby / *Trimma rubromaculatum*

红斑磨塘鳢分布于西太平洋海域，2.2 cm。身体透明，身体上有红色和白色斑块。

Longtail Dwarfgoby / *Trimma* sp.

磨塘鳢（未定种）分布于印度尼西亚海域，4.5 cm。眼睛呈黑色，鳍呈浅色。

Stobb's Dwarfgoby / *Trimma stobbsi*

斯氏磨塘鳢分布于印度洋–西太平洋海域，2.5 cm。头部呈黄色，鳃盖上有深色斑点。

Stripehead Dwarfgoby / *Trimma striatum*

红带磨塘鳢分布于印度洋–西太平洋海域，4 cm。呈浅红色，头部有纵纹。

Yellow Dwarfgoby / *Trimma taylori*

泰勒氏磨塘鳢分布于印度洋-西太平洋海域，2.5 cm。背鳍第二鳍棘延长，头部和鳍上有橘黄色斑点。

Chen's Dwarfgoby / *Trimma cheni*

陈氏磨塘鳢分布于西太平洋海域，2.6 cm。呈浅黄色，头部和鳍呈浅粉色。

Yano's Dwarfgoby / *Trimma yanoi*

亚诺磨塘鳢分布于西太平洋海域，2.6 cm。身体上有3排模糊的长方形斑块。

Yellow-Lined Fairygoby / *Tryssogobius avolineatus*

黄线精美虾虎鱼分布于西太平洋海域，3 cm。眼睛后方有黄色纵纹，下方有蓝色条纹。

Sarah's Fairygoby / *Tryssogobius sarah*

萨拉精美虾虎鱼分布于西太平洋海域，3.3 cm。呈灰色或带有金属光泽的浅黄色。

Longfin Fairygoby / *Tryssogobius longipes*

纵带精美虾虎鱼分布于西太平洋中部海域，2 cm。体侧有黄色纵纹，眼睛下方呈深蓝色。

Fivespine Fairygoby / *Tryssogobius quinquespinus*

五棘精美虾虎鱼分布于西太平洋海域，2 cm。眼睛下方有亮蓝色斑块。

East Indies Goby / *Amblygobius cheraphilus*

泥栖钝虾虎鱼分布于西太平洋海域，4 cm。身体上有穿过眼睛的深红色条纹，鳃盖上有深色斑块。

Nocturn Goby / *Amblygobius nocturnus*

短唇钝虾虎鱼分布于印度洋－西太平洋海域，7 cm。背部有成排的深色斑点。

Whitebarred Goby / *Amblygobius phalaena*

尾斑钝虾虎鱼分布于西太平洋海域，15 cm。体色多变，多呈浅绿色。身体上有 5 条深绿色横纹，尾鳍上部有深色圆形斑块。

Orange-Striped Goby / *Amblygobius decussatus*

华丽钝虾虎鱼分布于西太平洋中部海域，8 cm。尾柄上有白色和橘色圆形斑点。

Freckled Goby / *Amblygobius stethophthalmus*

胸眼钝虾虎鱼分布于印度洋－西太平洋海域，9.5 cm。呈浅粉色，尾柄上有深色斑点。

Sphinx Goby / *Amblygobius sphynx*

红海钝虾虎鱼分布于印度洋－西太平洋海域，15 cm。呈浅绿色，体侧有 5~6 条深色横纹，背部有深色斑点。左图中为幼鱼，5 cm。

Scaly Cheek-Hook Goby / *Ancistrogobius squamiceps*

鳞头颊钩虾虎鱼分布于西太平洋海域，5 cm。背鳍上有成排的黄色斑点。

Yoshigoui's Goby / *Ancistrogobius yoshigoui*

良口颊钩虾虎鱼分布于西太平洋海域，5 cm。颊部和鳃盖上有黄色斑点。

Deceptive Goby / *Arcygobius* cf. *baliurus*

网虾虎鱼（近似种）分布于印度洋–太平洋海域，5.5 cm。与网虾虎鱼外形相似，属未知。

Cocos Frillgoby / *Bathygobius cocosensis*

椰子深虾虎鱼分布于印度洋–太平洋海域，8 cm。呈斑驳的灰褐色，背部有 5 个鞍状斑。

White-Spotted Frillgoby / *Bathygobius coalitus*

蓝点深虾虎鱼分布于印度洋–太平洋海域，12 cm。身体前半部呈浅色，后半部颜色斑驳，有褐色斜条纹。

Dusky Frillgoby / *Bathygobius fuscus*

褐深虾虎鱼分布于印度洋–太平洋海域，8 cm。身体上有成排的蓝色斑点。

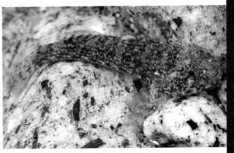

Meggitt's Frillgoby / *Bathygobius meggitti*

梅氏深虾虎鱼分布于印度洋–西太平洋海域，6 cm。第一背鳍外缘有黄色宽条纹。

Barrel-Sponge Frillgoby / *Bathygobius* sp.

深虾虎鱼（未定种） 分布于西太平洋海域，7 cm。栖息于锉海绵上。

Hasselt's Goby / *Callogobius hasseltii*

长鳍美虾虎鱼 分布于西太平洋海域，7.5 cm。尾鳍上部有深色斑块，头部有深色条纹穿过眼睛。

Tongareva Goby / *Cabillus tongarevae*

汤加岛大眼虾虎鱼 分布于印度洋-太平洋海域，3 cm。常躲在岩礁下。眼睛后方有深色条纹。

Brown Drombus / *Drombus triangularis*

三角捷虾虎鱼 分布于印度洋-西太平洋海域，7 cm。栖息于沙质斜坡上。

Key Goby / *Drombus key*

高体捷虾虎鱼 分布于印度洋-太平洋海域，6 cm。呈深褐色，身体上有斑驳的深色斑点。眼睛和上鳃盖骨之间有 2 条由不规则的深色斑点组成的条纹。尾鳍呈圆形。辨别特征暂定。

Puntang Goby / *Exyrias puntang*

纵带鹦虾虎鱼 分布于印度洋-太平洋海域，13 cm。背鳍上有深色斑点，臀鳍和腹鳍呈浅黄色。

Akihito's Goby / *Exyrias akihito*

明仁鹦虾虎鱼 分布于西太平洋海域，15 cm。体侧有橘色线纹，鳍上有黄色斑点。

Beautiful Goby / *Exyrias belissimus*

黑点鹦虾虎鱼分布于印度洋-西太平洋海域，16 cm。臀鳍呈白色。臀鳍上有褐色斜纹，背鳍上有红褐色斑点。

Ferraris' Goby / *Exyrias ferrarisi*

费氏鹦虾虎鱼分布于西太平洋海域，10 cm。鳍上有成排的浅红色短条纹和白色斑点。

Large Sandgoby / *Fusigobius maximus*

巨纺锤虾虎鱼分布于印度洋-太平洋海域，8 cm。第一背鳍和尾柄上有深色短条纹。

Barenape Sandgoby / *Fusigobius duospilus*

裸项纺锤虾虎鱼分布于印度洋-西太平洋海域，6 cm。第一背鳍上有 2 个黑色斑点。

Slender Sandgoby / *Fusigobius gracilis*

细纺锤虾虎鱼分布于西太平洋海域，5 cm。第一背鳍上的竖直的褐色线纹延伸至背部。

Tusk Sandgoby / *Fusigobius humeralis*

臂斑纺锤虾虎鱼分布于印度洋-太平洋海域，4.4 cm。胸鳍基部上方有黑色斑点。

Blotched Sandgoby / *Fusigobius inframaculatus*

下斑纺锤虾虎鱼分布于印度洋-太平洋海域，6 cm。身体上有橘色斑块和黑白双色斑块。

Common Sandgoby / *Fusigobius neophytus*

短棘纺锤虾虎鱼分布于印度洋-太平洋海域，7 cm。背部有斜条纹，尾柄上有深色斑块。右图中的个体身体上密布橘色斑点，曾被认为是不同的种。

Pale Sandgoby / *Fusigobius pallidus*

橘点纺锤虾虎鱼分布于印度洋-太平洋海域，8 cm。第一背鳍上有黑色斑点。

Signalfin Sandgoby / *Fusigobius signipinnis*

斑鳍纺锤虾虎鱼分布于西太平洋海域，6 cm。眼睛呈红色，第一背鳍尖端呈深色。

Goldenstripe Sandgoby / *Fusigobius* sp.

纺锤虾虎鱼（未定种）分布于印度尼西亚海域，6 cm。第一背鳍上有白色和黑色斑块。

Short-Spined Goby / *Gladiogobius brevispinis*

短刺盖棘虾虎鱼分布于西太平洋中部海域，5.4 cm。身体上有成排的浅蓝色斑点，头部有条纹。

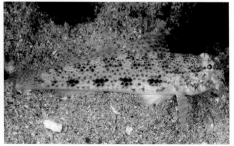

Gladiator Goby / *Gladiogobius ensifer*

剑形盖棘虾虎鱼分布于印度洋-太平洋海域，4.3 cm。胸鳍基部上方有灰色三角形斑块。

Eyebar Goby / *Gnatholepis anjerensis*

颌鳞虾虎鱼分布于印度洋-太平洋海域，10.5 cm。胸鳍基部上方有橘色斑点。

Shoulderspot Goby / *Gnatholepis cauerensis*

高伦颌鳞虾虎鱼分布于印度洋-太平洋海域，5.3 cm。头部的深色横纹穿过眼睛。

Oculate Goby / *Gnatholepis ophthalmotaenia*

眼带颌鳞虾虎鱼分布于西太平洋海域，5.5 cm。体侧有深色斑块和成排的金色斑点。

Yoshino's Goby / *Gnatholepis yoshinoi*

吉野氏颌鳞虾虎鱼分布于西太平洋海域，3 cm。背鳍高耸，胸鳍基部上方有黄色斑点。

Occasional-Shrimp Goby / *Gobius bontii*

邦氏虾虎鱼分布于印度洋-西太平洋海域，7 cm。呈深褐色，背部有白色鞍状斑。

Big-Eye Mud Goby / *Hazeus* sp.

粗棘虾虎鱼（未定种）分布于西太平洋海域，3.5 cm。栖息于泥沙质的潟湖中和泥质的礁坡上。体侧有成排的褐色斜条纹及黄色、蓝色的斑点和纵纹。辨别特征暂定。

Scalyhead Goby / *Hazeus* cf. *otakii*

大泷氏粗棘虾虎鱼（近似种）分布于西太平洋海域，6 cm。背部有鞍状斑，尾柄上有深色斑块。

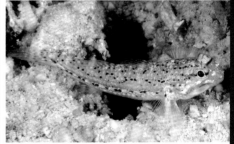

Goldman's Sandgoby / *Istigobius goldmanni*

戈氏衔虾虎鱼分布于西太平洋海域，6.7 cm。身体上有成排的黑色斑点，眼睛后方有深色条纹。

Decorated Sandgoby / *Istigobius decoratus*

华丽衔虾虎鱼分布于印度洋-西太平洋海域，13 cm。印度洋海域常见的衔虾虎鱼。身体上有浅红色或浅褐色蜂巢状斑纹。左图中为幼鱼，2.5 cm。

Black-Spotted Sandgoby / *Istigobius nigroocellatus*

黑点衔虾虎鱼分布于西太平洋中部海域，6 cm。尾柄上有深色斑块，鳃盖上有浅红色斑块，眼睛后方有 Y 形纹。

Pearl Sandgoby / *Istigobius spence*

珠点衔虾虎鱼分布于印度洋-太平洋海域，6 cm。身体上有蜂巢状斑纹，鳃盖上有粉色斑块。右图中为幼鱼，2 cm。

Spectacled Sandgoby / *Istigobius perspicillatus*

橘黄衔虾虎鱼分布于西太平洋海域，10 cm。眼睛和鳃盖后方有黑色纵纹。

Lagoon Sandgoby / *Istigobius rigilius*

线斑衔虾虎鱼分布于西太平洋海域，10 cm。身体上有成排的白色斑点和虚线纹。

Yellow-Striped Goby / *Koumansetta hectori*

海氏库曼虾虎鱼分布于印度洋-西太平洋海域，5.5 cm。体侧有 4 条纵纹。

Orange-Striped Goby / *Koumansetta rainfordi*

雷氏库曼虾虎鱼分布于西太平洋海域，8 cm。体侧有 5 条橘色纵纹。

Largetooth Goby / *Macrodontogobius wilburi*

威氏壮牙虾虎鱼分布于印度洋-太平洋海域，6.7 cm。颊部和鳃盖上有褐色斑块。身体上有一排深色斑点，两两一组。臀鳍呈白色，臀鳍上有褐色斜纹，腹鳍上有条纹。

Robust Goby / *Oplopomus caninoides*

拟犬牙刺盖虾虎鱼分布于印度洋-西太平洋海域，8.5 cm。鳍上有深色和浅色的线纹，尾柄上有深色斑块，头部有不规则的斑块，身体上有大量橘色斑点。

Spinecheek Goby / *Oplopomus oplopomus*

刺盖虾虎鱼分布于印度洋-太平洋海域，8 cm。尾鳍中间有橘色纵纹。雄鱼的第一背鳍上有深色斑块。

Twospine Goby / *Oplopomops diacanthus*

双棘拟刺盖虾虎鱼分布于印度洋-太平洋海域，5 cm。背部有褐色和白色斑点，尾柄上有斑块。

Ribbon Mudgoby / *Oxyurichthys heisei*

海斯氏沟虾虎鱼分布于西太平洋中部海域，6.4 cm。黄色纵纹上有 5 个褐色圆形斑块。

Frogface Mudgoby / *Oxyurichthys papuensis*

巴布亚沟虾虎鱼分布于印度洋-西太平洋海域，17 cm。体侧中线处有一排椭圆形大斑块，尾鳍基部有深色三角形斑块。

Blackspot Mudgoby / *Oxyurichthys zeta*

泽塔沟虾虎鱼分布于西太平洋海域，9 cm。第一背鳍上有黑色斑块。胸鳍呈黄色，鳍缘呈蓝色。

Threadfin Mudgoby / *Oxyurichthys notonema*

背丝沟虾虎鱼分布于印度洋-西太平洋海域，16 cm。身体上的 4 个深色斑块间有波纹状条纹。

Sandslope Goby / *Psammogobius pisinnus*

袖珍砂虾虎鱼分布于西太平洋海域，2 cm。身体上有 3 个暗色鞍状斑，第一背鳍较大。

Black-Spotted Goby / *Gobiidae* sp.

虾虎鱼（未定种）分布于菲律宾海域，5 cm。与细棘虾虎鱼外形相似。尚未被描述。

Mud Goby / *Valenciennea limicola*

泥栖凡塘鳢分布于西太平洋海域，8 cm。身体上的 2 条黄色纵纹之间有 1 条蓝色纵纹。

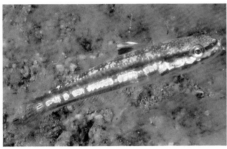

Twostripe Goby / *Valenciennea helsdingenii*

双带凡塘鳢分布于印度洋–西太平洋海域，15 cm。身体上有 2 条红褐色纵纹，第一背鳍上有深色斑块。左图中为幼鱼。

Immaculate Goby / *Valenciennea immaculata*

无斑凡塘鳢分布于西太平洋海域，12 cm。身体上有浅蓝色缘橘色纵纹。左图中为幼鱼。

Longfin Goby / *Valenciennea longipinnis*

长鳍凡塘鳢分布于印度洋–太平洋海域，15 cm。颊部有 3 条浅色缘粉色条纹。

Parva Goby / *Valenciennea parva*

小凡塘鳢分布于印度洋–太平洋海域，7 cm。眼睛下方有亮白色条纹。

Mural Goby / *Valenciennea muralis*

石壁凡塘鳢分布于印度洋–西太平洋海域，13 cm。第一背鳍上有黑色斑块，唇部呈浅黄色。右图中为幼鱼。

Orange Spotted Goby / *Valenciennea puellaris*

大鳞凡塘鳢分布于印度洋–太平洋海域，15 cm。颊部有 2 条浅蓝色虚线纹。右图中为幼鱼。

Greenband Goby / *Valenciennea randalli*

兰氏凡塘鳢分布于西太平洋海域，11 cm。眼睛下方有浅绿色条纹。

Sixspot Goby / *Valenciennea sexguttata*

六斑凡塘鳢分布于印度洋–太平洋海域，14 cm。颊部有蓝色斑点，第一背鳍尖端呈黑色。

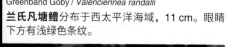

Blueband Goby / *Valenciennea strigata*

丝条凡塘鳢分布于印度洋–太平洋海域，18 cm。头部呈黄色，眼睛下方有蓝绿色条纹。

Ward's Goby / *Valenciennea wardii*

鞍带凡塘鳢分布于印度洋–太平洋海域，12 cm。体侧有 3 条深色缘褐色横纹。

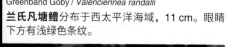

虾虎鱼科 GOBIES

208

Twinspot Goby / *Signigobius biocellatus*

双睛护稚虾虎鱼分布于西太平洋海域，8 cm。背鳍上有较大的眼状斑，通常成对出现。

Bluemargin Goby / *Gobiidae* sp.

虾虎鱼（未定种）分布于菲律宾海域，2 cm。第一背鳍上有暗色斑块。

Blotched Goby / *Gobiidae* sp.

虾虎鱼（未定种）分布于菲律宾海域，2 cm。鳃盖上有浅红色和暗色斑块。栖息于靠近珊瑚礁的泥质斜坡上。尚未被描述，属未知。

Shadow Goby / *Yongeichthys nebulosus*

云斑裸颊虾虎鱼分布于印度洋-西太平洋海域，18 cm。体侧有 3 个褐色斑块，尾鳍缘和第二背鳍缘呈黄色。右图中为幼鱼。

Barred Mudskipper / *Periophthalmus argentilineatus*

银线弹涂鱼分布于印度洋-太平洋海域，10 cm。体侧有银色横线纹。

Common Mudskipper / *Periophthalmus kalolo*

卡路弹涂鱼分布于印度洋-太平洋海域，14 cm。身体上有 3~6 条鞍状斜纹。

Yellowstripe Wormfish / *Gunnellichthys viridescens*

黄带鳚虾虎鱼分布于印度洋-太平洋海域，8 cm。从吻部到尾鳍有黄褐色纵纹，头部有蓝色条纹。

Curious Wormfish / *Gunnellichthys curiosus*

眼带鳚虾虎鱼分布于印度洋-太平洋海域，12 cm。尾柄上有黑色斑块。

Onespot Wormfish / *Gunnellichthys monostigma*

鳃斑鳚虾虎鱼分布于印度洋-太平洋海域，11 cm。鳃盖上有深色斑点。

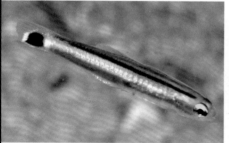

Bigspot Minidartfish / *Aioliops megastigma*

大斑动眼鳍鳢属于蠕鳢科，分布于西太平洋中部海域，3 cm。前额呈黄色，体侧有黑色纵纹。

Elegant Dartfish / *Nemateleotris decora*

华丽线塘鳢属于鳍塘鳢科，分布于印度洋-太平洋海域，9 cm。鳍呈亮红色和紫色。

Fire Dartfish / *Nemateleotris magnifica*

大口线塘鳢属于鳍塘鳢科，分布于印度洋-太平洋海域，9 cm。体色艳丽，易于辨识。

Robust Ribbongoby / *Oxymetopon compressus*

侧扁窄颅塘鳢属于鳍塘鳢科，分布于西太平洋海域，20 cm。臀鳍缘和背鳍缘呈深色。

Bluebanded Ribbongoby / *Oxymetopon cyanoctenosum*

蓝梳窄颅塘鳢分布于西太平洋海域，20 cm。体侧有呈金属光泽的蓝色横纹，尾鳍、背鳍和臀鳍无深色缘。右图中为幼鱼。

Sailfin Ribbongoby / *Oxymetopon typus*

窄颅塘鳢分布于西太平洋中部海域，18 cm。尾鳍尖，第一背鳍高，鳍棘延长呈丝状。

Bluelined Ribbongoby / *Oxymetopon* sp.

窄颅塘鳢（未定种）分布于菲律宾海域，13 cm。背鳍下方有蓝色纵纹，尾鳍呈新月形。

Philippine Dartfish / *Parioglossus philippinus*

菲律宾舌塘鳢分布于印度洋-西太平洋海域，3.9 cm。颊部有粉色和蓝色斑块。

Taeniatus Dartfish / *Parioglossus taeniatus*

带状舌塘鳢分布于印度洋-西太平洋海域，4 cm。身体上有褐色宽纵纹。

Blackfin Dartfish / *Ptereleotris evides*

黑尾鳍塘鳢分布于印度洋-太平洋海域，14 cm。鳃盖上有蓝色线纹，第一背鳍呈浅黄色。左图中为幼鱼。

Lowfin Dartfish / *Ptereleotris brachyptera*
短鳍鳍塘鳢分布于西太平洋中部海域，6.5 cm。胸鳍基部有模糊的粉色条纹。

Lined Dartfish / *Ptereleotris grammica*
纵带鳍塘鳢分布于印度洋-西太平洋海域，10 cm。通常栖息于水深超过 50 m 的碎石斜坡上。

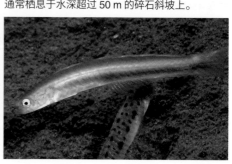

Threadfin Dartfish / *Ptereleotris hanae*
丝尾鳍塘鳢分布于西太平洋海域，12 cm。颊部有蓝色斑纹，尾鳍上下叶延长呈丝状。

Blacktail Dartfish / *Ptereleotris heteroptera*
尾斑鳍塘鳢分布于印度洋-太平洋海域，14 cm。尾鳍上有深色斑块，身体上的蓝色条纹穿过眼睛。

Blue Dartfish / *Ptereleotris microlepis*
细鳞鳍塘鳢分布于印度洋-太平洋海域，12 cm。胸鳍基部有深色条纹。

Monofin Dartfish / *Ptereleotris monoptera*
单鳍鳍塘鳢分布于印度洋-西太平洋海域，15 cm。眼睛下方有深色斑点，臀鳍边缘呈红色。

Redspot Dartfish / *Ptereleotris rubristigma*
红斑鳍塘鳢分布于西太平洋海域，10 cm。胸鳍基部有明显的红色斑块。

Blue-Lined Dartfish / *Ptereleotris* sp.

鳍塘鳢（未定种）分布于印度尼西亚海域，6 cm。颊部有蓝色斑纹，体侧有模糊的深色纵纹。

Bandtail Dartfish / *Ptereleotris uroditaenia*

尾纹鳍塘鳢分布于西太平洋海域，10 cm。尾鳍呈黄色，尾鳍缘呈黑白双色。

Zebra Dartfish / *Ptereleotris zebra*

斑马鳍塘鳢分布于印度洋-太平洋海域，11 cm。栖息于外礁区的浅礁顶部。胸鳍基部有红色条纹。左图中为出现婚姻色的个体。

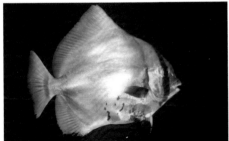

Batavia Batfish / *Platax batavianus*

印度尼西亚燕鱼分布于西太平洋海域，50 cm。腹鳍呈深色，尾鳍呈黄色。（里卡德·塞尔佩 / 摄）

Golden Batfish / *Platax boersii*

波氏燕鱼分布于印度洋-西太平洋海域，47 cm。头部圆钝，臀鳍缘和尾鳍缘呈黑色。

Orbicular Batfish / *Platax orbicularis*

圆燕鱼分布于印度洋-太平洋海域，50 cm。体侧有 2 条褐色横纹，背鳍缘和臀鳍缘呈黑色。右图中为较小的幼鱼，能模拟浅红色的叶子。

Dusky Batfish / *Platax pinnatus*

弯鳍燕鱼分布于西太平洋海域，37 cm。成鱼身体轮廓稍内凹，吻部突出，身体上有横纹，胸鳍呈黄色。右图中的幼鱼正在模拟有毒的扁虫。

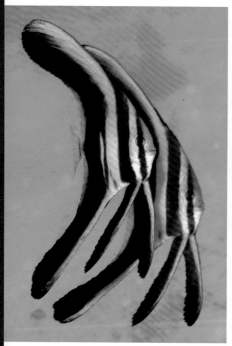

Blanthead Batfish / *Platax teira*

燕鱼分布于印度洋-西太平洋海域，70 cm。靠近腹鳍基部处有明显的深色斑点。与成鱼相比，幼鱼（左图）背鳍、臀鳍延长。

Forktail Rabbitfish / *Siganus argenteus*

银色篮子鱼分布于印度洋-太平洋海域，30 cm。背部有黄色纵纹，鳃盖后方有深色条纹。

White-Spotted Rabbitfish / *Siganus canaliculatus*

长鳍篮子鱼分布于印度洋-西太平洋海域，29 cm。鳃盖后方有一个深色斑点。

Blue-Spotted Rabbitfish / *Siganus corallinus*

凹吻篮子鱼分布于印度洋-西太平洋海域，25 cm。头部有穿过眼睛的大斑块。

Barred Rabbitfish / *Siganus doliatus*

马来西亚篮子鱼分布于西太平洋海域，25 cm。头部有穿过眼睛的斜条纹，头部后方也有斜条纹。

Mottled Rabbitfish / *Siganus fuscescens*

褐篮子鱼分布于西太平洋海域，30 cm。头顶局部呈浅黄色。

Golden Rabbitfish / *Siganus guttatus*

星斑篮子鱼分布于印度洋-西太平洋海域，35 cm。身体上有黄色大斑块，体侧密布橘色斑点。

Streaked Rabbitfish / *Siganus javus*

爪哇篮子鱼分布于印度洋-西太平洋海域，40 cm。尾鳍呈黑色。

Golden-Lined Rabbitfish / *Siganus lineatus*

金线篮子鱼分布于印度洋-西太平洋海域，43 cm。身体上有黄色大斑块，体侧有橘色条纹。

Masked Rabbitfish / *Siganus puellus*

眼带篮子鱼分布于印度洋-西太平洋海域，38 cm。头部有穿过眼睛的褐色条纹。

Gold-Spotted Rabbitfish / *Siganus punctatus*

斑篮子鱼分布于西太平洋海域，40 cm。体侧密布橘色斑点。

Little Rabbitfish / *Siganus spinus*

刺篮子鱼分布于印度洋-西太平洋海域，19 cm。身体上有迷宫状褐色线纹。左图和右图中为同一条鱼，这种鱼的体色和斑纹会在短短的 1~2 秒发生改变。(左图拍摄于海草附近)

Stellate Rabbitfish / *Siganus stellatus*

点篮子鱼分布于印度洋至巴厘岛海域，35 cm。尾鳍缘窄，呈白色或浅黄色。

Vermiculated Rabbitfish / *Siganus vermiculatus*

蠕纹篮子鱼分布于印度洋-西太平洋海域，37 cm。体侧有灰色蠕虫状斑纹。

Barhead Rabbitfish / *Siganus virgatus*

蓝带篮子鱼分布于印度洋-西太平洋海域，30 cm。身体上有红褐色斜条纹、浅蓝色线纹和斑点。

Foxface Rabbitfish / *Siganus vulpinus*

狐篮子鱼分布于西太平洋海域，25 cm。吻部延长，头部有黑色条纹。

Moorish Idol / *Zanclus cornutus*

角镰鱼属于镰鱼科，分布于印度洋-太平洋海域，22 cm。吻部延长。

Ringtail Surgeonfish / *Acanthurus auranticavus*

橘色刺尾鱼属于刺尾鱼科，分布于印度洋-西太平洋海域，30 cm。尾鳍基部有白色条纹。

Black-Spot Surgeonfish / *Acanthurus bariene*
鳃斑刺尾鱼分布于印度洋-西太平洋海域，42 cm。
眼睛后方有深蓝色斑点。

Eyestripe Surgeonfish / *Acanthurus dussumieri*
额带刺尾鱼分布于印度洋-太平洋海域，54 cm。
双眼间有黄色条纹。

Palelipped Surgeonfish / *Acanthurus leucocheilus*
白唇刺尾鱼分布于印度洋-太平洋海域，48 cm。
唇部呈浅色，喉部有白色条纹。

Powderblue surgeon fish / *Acanthurus leucosternon*
白胸刺尾鱼分布于印度洋和巴厘岛海域，23 cm。
躯干呈亮蓝色，面部呈黑色。

Clown Surgeonfish / *Acanthurus lineatus*
纵带刺尾鱼分布于印度洋-太平洋海域，38 cm。腹部呈蓝色，体侧有浅蓝色纵纹。右图中为亚成鱼，
15cm。

White-Freckled Surgeonfish / *Acanthurus maculiceps*
斑头刺尾鱼分布于印度洋-西太平洋海域，40 cm。
头部呈深色，密布白色斑点。

Elongate Surgeonfish / *Acanthurus mata*
暗色刺尾鱼分布于印度洋-太平洋海域，50 cm。
上唇呈黄色，双眼间有条纹。

Whitecheek Surgeonfish / *Acanthurus nigricans*
白面刺尾鱼分布于太平洋海域，21 cm。吻部环绕白色条纹，眼睛下方有白色条纹。

Epaulette Surgeonfish / *Acanthurus nigricauda*
黑尾刺尾鱼分布于印度洋–太平洋海域，40 cm。眼睛后方和尾柄前方有黑色纵纹。

Brown Surgeonfish / *Acanthurus nigrofuscus*
褐斑刺尾鱼分布于印度洋–太平洋海域，21 cm。尾柄上下部各有一个黑色斑点。与双斑栉齿刺尾鱼外形相似，但体侧没有线纹。

Orangespot Surgeonfish / *Acanthurus olivaceus*
橙斑刺尾鱼分布于太平洋海域，35 cm。身体上有始于眼睛后方的橘色宽条纹。

Chocolate Surgeonfish / *Acanthurus pyroferus*
黑鳃刺尾鱼分布于西太平洋海域，29 cm。成鱼胸鳍基部周围呈橘色。

黑鳃刺尾鱼幼鱼能模拟 2 种刺尻鱼——福氏刺尻鱼（左图）和黄刺尻鱼（右图）。它们通过模拟刺尻鱼以躲避眼斑椒雀鲷的攻击。

Doubleband Surgeonfish / *Acanthurus tennentii*
坦氏刺尾鱼分布于印度洋至巴厘岛海域，31 cm。
眼睛后方有 2 条深色条纹。

Whitetail Surgeonfish / *Acanthurus thompsoni*
黄尾刺尾鱼分布于印度洋-太平洋海域，27 cm。
尾鳍呈白色，尾柄上方有深色斑点。

Convict Surgeonfish / *Acanthurus triostegus*
横带刺尾鱼分布于印度洋-太平洋海域，22 cm。
成鱼通常聚集成较大的群体。

Yellowfin Surgeonfish / *Acanthurus xanthopterus*
黄鳍刺尾鱼分布于印度洋-太平洋海域，62 cm。
双眼间有黄色条纹，尾部有浅色条纹。

Indian Ocean Mimic Surgeonfish / *Acanthurus tristis*
暗体刺尾鱼分布于印度洋至巴厘岛海域，25 cm。眼睛呈深色，尾鳍缘呈白色。幼鱼（右图）能模拟
虎纹刺尻鱼。

Twospot Bristletooth / *Ctenochaetus binotatus*
双斑栉齿刺尾鱼分布于印度洋-太平洋海域，20 cm。头部有蓝色斑点，体侧有蓝色线纹，尾柄上下
部均有深色斑点。幼鱼（右图）尾部呈黄色。

Blue-Lipped Bristletooth / *Ctenochaetus cyanocheilus*
青唇栉齿刺尾鱼分布于西太平洋海域，18 cm。头部有浅色斑点，体侧有浅蓝色线纹，唇部呈蓝色。幼鱼（右图）身体呈黄色。

Striated Bristletooth / *Ctenochaetus striatus*
栉齿刺尾鱼分布于印度洋-太平洋海域，26 cm。头部有橘色斑点，胸鳍呈浅黄色。右图中为罕见体色型个体。

Tomini Bristletooth / *Ctenochaetus tominiensis*
印度尼西亚栉齿刺尾鱼分布于西太平洋中部海域，18 cm。眼睛前方有白色斑点。

Yelloweye Bristletooth / *Ctenochaetus truncatus*
截尾栉齿刺尾鱼分布于印度洋至巴厘岛海域，18 cm。身体上有浅蓝色斑点。

Whitemargin Unicornfish / *Naso annulatus*
突角鼻鱼分布于印度洋-太平洋海域，100 cm。成鱼前额有角状突起，尾鳍缘呈白色。左图中为亚成鱼，右图中为幼鱼。

Humpback Unicornfish / *Naso brachycentron*

粗棘鼻鱼分布于印度洋–太平洋海域，100 cm。身体下部有深色横纹。

Spotted Unicornfish / *Naso brevirostris*

短吻鼻鱼分布于印度洋–太平洋海域，60 cm。体侧有深色横纹，尾鳍呈白色。

Sleek Unicornfish / *Naso hexacanthus*

六棘鼻鱼分布于印度洋–太平洋海域，75 cm。颊部有黑色斜条纹，体侧有模糊的深色横纹，身体可瞬间从浅褐色变为浅蓝色。

Bluetail Unicornfish / *Naso caeruleacauda*

蓝尾鼻鱼分布于西太平洋中部海域，30 cm。头部的蓝色纵纹穿过眼睛，尾鳍呈蓝色。

Orangespine Unicornfish / *Naso lituratus*

颊吻鼻鱼分布于太平洋海域，46 cm。背鳍呈浅色，靠近背鳍基部处有黑色条纹。

Slender Unicornfish / *Naso minor*

小鼻鱼分布于印度洋–西太平洋海域，30 cm。尾鳍呈浅黄色，基部有深色斑点。

Barred Unicornfish / *Naso thynnoides*

拟鲔鼻鱼分布于印度洋–太平洋海域，40 cm。虹膜呈深红色，体侧有浅灰色窄横纹。

Bluespine Unicornfish / *Naso unicornis*

单角鼻鱼分布于印度洋-太平洋海域，70 cm。尾鳍呈浅蓝色，背鳍和臀鳍边缘呈蓝色。

Bignose Unicornfish / *Naso vlamingii*

丝尾鼻鱼分布于印度洋-太平洋海域，55 cm。唇部呈蓝色，双眼间有蓝色条纹。

Palette Surgeonfish / *Paracanthurus hepatus*

黄尾副刺尾鱼分布于印度洋-太平洋海域，26 cm，动画电影《海底总动员》中多莉的原型。

Brushtail Tang / *Zebrasoma scopas*

小高鳍刺尾鱼分布于印度洋-太平洋海域，22 cm。胸鳍呈橘色，尾柄棘呈白色。

Sailfin Tang / *Zebrasoma velifer*

横带高鳍刺尾鱼分布于印度洋-太平洋海域，40 cm。尾柄呈蓝色，背鳍呈帆形。

Great Barracuda / *Sphyraena barracuda*

大鲟分布于印度洋-太平洋海域，170 cm。背鳍和尾鳍上有深色斑块。独居，从不攻击潜水员，但可能被渔民的鱼叉激怒。（左图由奥利弗·施皮斯霍菲拍摄）

Yellowtail Barracuda / *Sphyraena avicauda*

黄尾魣分布于印度洋-西太平洋海域，40 cm。尾鳍呈浅黄色。

Pickhandle Barracuda / *Sphyraena jello*

斑条魣分布于印度洋-西太平洋海域，140 cm。体侧有深色横纹，尾鳍呈黄色。

Bigeye Barracuda / *Sphyraena fosteri*

大眼魣分布于印度洋-太平洋海域，65 cm。体形细长，眼睛大而圆。

Obtuse Barracuda / *Sphyraena obtusata*

钝魣分布于印度洋-太平洋海域，30 cm。身体上有浅褐色纵纹。

Red Barracuda / *Sphyraena pinguis*

油魣分布于印度洋-西太平洋海域，50 cm。与钝魣外形相似，尾鳍呈浅黄色。

Blackfin Barracuda / *Sphyraena qenie*

暗鳍魣分布于印度洋-太平洋海域，140 cm。体侧有深色横纹，尾鳍边缘呈黑色。

Little Tuna / *Euthynnus affinis*

鲔分布于印度洋-西太平洋海域，60 cm。体侧有灰色的波纹状线纹。

Double-Lined Mackerel / *Grammatorcynus bilineatus*

大眼双线鲭分布于印度洋-西太平洋海域，65 cm。鳃盖后方有深色斑块。

Dogtooth Tuna / *Gymnosarda unicolor*
裸狐鲣分布于印度洋–太平洋海域，220 cm。臀鳍和第二背鳍尖端呈白色。

Skipjack Tuna / *Katsuwonus pelamis*
鲣分布于全球各个海域，108 cm。身体下半部有深色纵纹。（安德雷·达金 / 摄）

Indian mackerel / *Rastrelliger kanagurta*
羽鳃鲐分布于印度洋–太平洋海域，38 cm。羽鳃鲐群游动速度很快。身体上半部有深色纵纹，胸鳍基部后方有黑色斑点。

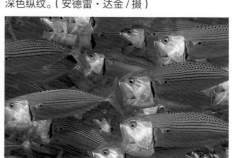

Largetooth Flounder / *Pseudorhombus arsius*
大齿斑鲆分布于印度洋–西太平洋海域，45 cm。

Ocellated Flounder / *Pseudorhombus dupliciocellatus*
双瞳斑鲆分布于印度洋–西太平洋海域，40 cm。头局部呈深色，身体上有成对的眼状斑。

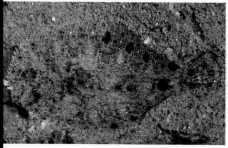

Large-Crested Flounder / *Arnoglossus macrolophus*
长冠羊舌鲆分布于印度洋–西太平洋海域，13 cm。臀鳍和背鳍后部有深色大斑点。

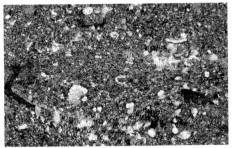

Red-Dotted Flounder / *Arnoglossus* sp.

羊舌鲆（未定种）分布于印度尼西亚海域。左眼后方有一块浅色区域，上面有红色斑点。

Intermediate Flounder / *Asterorhombus intermedius*

中间角鲆分布于印度洋-太平洋海域，15 cm。身体上有深色缘灰色斑块，斑块内有黑色斑点。

Leopard Flounder / *Bothus pantherinus*

豹纹鲆分布于印度洋-太平洋海域，30 cm。身体上有大量的花朵状斑块，身体中间靠近尾鳍处有一个深色斑块。

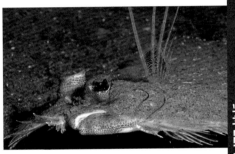

Flowery Flounder / *Bothus mancus*

凹吻鲆分布于印度洋-太平洋海域，48 cm。体表散布蓝色斑点，中间有 2 个深色斑块。

Largescale Flounder / *Engyprosopon grandisquama*

伟鳞短额鲆分布于印度洋-太平洋海域，15 cm。尾叶上有深色斑块。

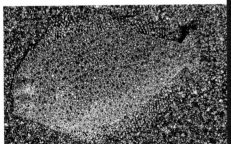

Largescale Flounder / *Engyprosopon macrolepis*

大鳞短额鲆分布于印度洋-西太平洋海域，7.5 cm。尾鳍上有中间为白色的斑块。

Red-Spotted Flounder / *Engyprosopon* sp.

短额鲆（未定种）分布于菲律宾海域，12 cm。身体上有红色斑点和橘色斑块。辨别特征暂定。

Cockatoo Flounder / *Samaris cristatus*
冠鲽分布于印度洋-西太平洋海域，22 cm。会模拟海参，能从肛门排出白色纤维状物质以自卫。

Unicorn Sole / *Aesopia cornuta*
角鳎分布于印度洋-西太平洋海域，20 cm。尾鳍呈黑色，有黄色斑点。

White Sole / *Aseraggodes albidus*
白栉鳞鳎分布于西太平洋海域，3.5 cm。身体呈白色，鳞片边缘略呈浅橘褐色。

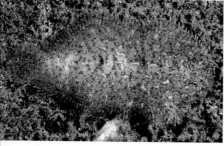

Strange Sole / *Aseraggodes xenicus*
外来栉鳞鳎分布于印度洋-西太平洋海域，7 cm。身体通常呈灰色或浅褐色，体表有不规则的深色缘白色斑块。

 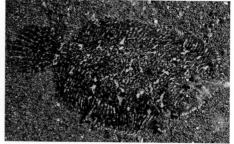

Orange-Margin Sole / *Aseraggodes* sp.
栉鳞鳎（未定种）分布于西太平洋海域，2.5 cm。鳍边缘呈橘色。

Ambon Sole / *Aseraggodes suzumotoi*
铃本氏栉鳞鳎分布于西太平洋海域，9 cm。体色斑驳，身体上有大量不规则的深色缘白色斑块。

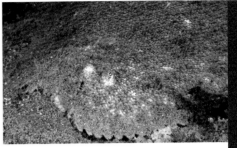

Margined Sole / *Brachirus heterolepis*

异鳞宽箬鳎分布于西太平洋中部海域，38 cm。身体呈褐色，有成簇的深色短须，背鳍和臀鳍边缘呈白色。

Hook-Nosed Sole / *Heteromycteris hartzfeldii*

赫氏钩嘴鳎分布于西太平洋海域，15 cm。身体呈褐色，有深色网格状斑。鳍呈浅黄色。

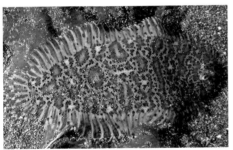

Carpet Sole / *Liachirus melanospilos*

黑斑圆鳞鳎分布于印度洋–西太平洋海域，8 cm。身体上有黑色斑点，斑点周围有不规则的褐色斑块或深色缘浅色斑块。

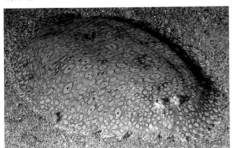

Peacock Sole / *Pardachirus pavoninus*

眼斑豹鳎分布于印度洋–太平洋海域，30 cm。身体上有深色缘白色斑块，斑块内有黑色斑点。

Zebra Sole / *Zebrias zebra*

条鳎分布于西太平洋海域，26 cm。尾鳍呈黑色，有数个黄色斑块。

Black-Tip Sole / *Soleichthys heterorhinos*

异吻长鼻鳎分布于印度洋–西太平洋海域，14 cm。眼睛呈白色，身体上有浅褐色横纹，鼻孔呈长管状（右图）。

Yellow-Spotted Sole / *Soleichthys* sp.

长鼻鳎（未定种）分布于西太平洋海域，15 cm。成鱼的黑色鳍上有明显的黄色斑块，长管状鼻孔呈褐色（右图）。

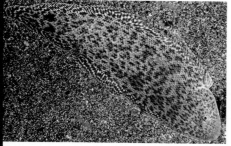
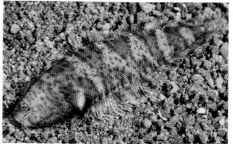

Shortheaded Tongue Sole / *Cynoglossus kopsii*

格氏舌鳎分布于印度洋–西太平洋海域，60 cm。身体呈浅褐色，鳍呈浅黄色。

Oriental Tongue Sole / *Symphurus orientalis*

东方无线鳎分布于西太平洋海域，10 cm。通常在深水区活动，夜间会到浅水区活动。

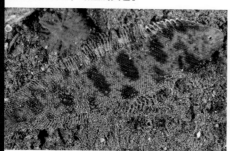
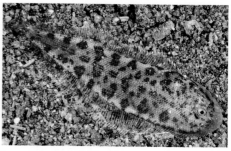

Fence-Spotted Tongue Sole / *Symphurus* sp.

无线鳎（未定种）分布于印度尼西亚海域，9 cm。身体上有断开的褐色条纹。辨别特征暂定。

Leopard Tongue Sole / *Symphurus* sp.

无线鳎（未定种）分布于印度尼西亚海域，10 cm。身体上有褐色多边形斑。辨别特征暂定。

Starry Triggerfish / *Abalistes stellatus*

宽尾鳞鲀分布于印度洋-西太平洋海域，50 cm。成鱼（左图）身体呈浅蓝色，背部有 4 个白色斑块。亚成鱼（右图）背部有较大的白色鞍状斑，身体上半部有蠕虫状斑纹。

宽尾鳞鲀幼鱼，4 cm。身体上有较大的白色鞍状斑。

Orange-Lined Triggerfish / *Balistapus undulatus*

波纹钩鳞鲀分布于印度洋-太平洋海域，30 cm。身体上有橘色斜线纹。

Clown Triggerfish / *Balistoides conspicillum*

花斑拟鳞鲀分布于印度洋-太平洋海域，50 cm。成鱼（右图）的尾鳍靠近边缘有黑色条纹，幼鱼（左图）的尾鳍是透明的。

Titan Triggerfish / *Balistoides viridescens*

褐拟鳞鲀分布于印度洋-西太平洋海域，75 cm。最常见的鳞鲀，具有攻击性。

Oceanic Triggerfish / *Canthidermis maculata*

疣鳞鲀分布于印度洋-太平洋海域，50 cm。身体呈银灰色。通常出现在马尾藻附近。

Indian Triggerfish / *Melichthys indicus*

印度角鳞鲀分布于印度洋海域，25 cm。尾鳍呈圆形，边缘呈白色。

Pinktail Triggerfish / *Melichthys vidua*

黑边角鳞鲀分布于印度洋-太平洋海域，34 cm。尾鳍呈粉色，尾柄呈白色。

Yellowmargin Triggerfish / *Pseudobalistes avimarginatus*

黄缘副鳞鲀分布于印度洋-太平洋海域，60 cm。成鱼（右图）鳍的边缘呈浅黄色。左图中为亚成鱼。

Blue Triggerfish / *Pseudobalistes fuscus*

黑副鳞鲀分布于印度洋-太平洋海域，55 cm。左图中为幼鱼，15 cm。右图中为亚成鱼，25 cm。成鱼身体上无明显的条纹。

Red-Toothed Triggerfish / *Odonus niger*

红牙鳞鲀分布于印度洋-太平洋海域，40 cm。身体呈深蓝色，尾鳍呈新月形。

White-Banded Triggerfish / *Rhinecanthus aculeatus*

叉斑锉鳞鲀分布于印度洋-太平洋海域，25 cm。臀鳍上方有黑色斜条纹。

Wedgetail Triggerfish / *Rhinecanthus rectangulus*
黑带锉鳞鲀分布于印度洋-太平洋海域，25 cm。尾部有黑色的三角形斑块。

Blackbelly Triggerfish / *Rhinecanthus verrucosus*
毒锉鳞鲀分布于印度洋-西太平洋海域，23 cm。身体上有深色的椭圆形斑块。

Boomerang Triggerfish / *Suf amen bursa*
项带多棘鳞鲀分布于印度洋-太平洋海域，25 cm。眼睛后方有2条黄褐色弧形条纹。

Masked Triggerfish / *Suf amen fraenatum*
缰纹多棘鳞鲀分布于印度洋-太平洋海域，38 cm。胸鳍呈浅黄色。

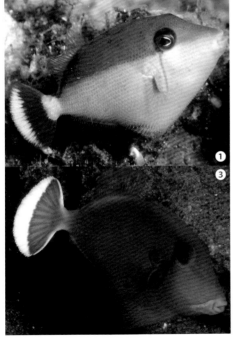

Halfmoon Triggerfish / *Suf amen chrysopterum*
黄鳍多棘鳞鲀分布于印度洋-西太平洋海域，22 cm。体色多变。图①中为幼鱼，12 cm。图②~图④中为成鱼。

Gilded Triggerfish / *Xanthichthys auromarginatus*

金边黄鳞鲀分布于印度洋–太平洋海域，22 cm。雄鱼（左图）颌部和颊部有蓝色斑块，雌鱼（右图）尾鳍边缘呈浅红色。

Radial Filefish / *Acreichthys radiatus*

薄体鬃尾鲀分布于西太平洋海域，7 cm。栖息于花伞软珊瑚。身体上有褐色和白色条纹。

Broom Filefish / *Amanses scopas*

美尾棘鲀分布于印度洋–太平洋海域，19 cm。体侧呈浅色，有深色横纹。

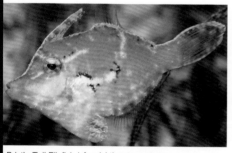

Bristle-Tail Filefish / *Acreichthys tomentosus*

白线鬃尾鲀分布于印度洋–西太平洋海域，12 cm。身体轮廓内凹，有白色条纹穿过眼睛，第一背鳍棘上有条纹，皮肤上有许多小皮瓣。

Scribbled Leatherjacket Filefish / *Aluterus scriptus*

拟态革鲀分布于热带海域，75 cm。身体上有蓝色短条纹和深色斑点。

Taylor's In ator Filefish / *Brachaluteres taylori*

泰勒氏短革鲀分布于西太平洋海域，5 cm。成鱼身体呈浅色，有深色纵纹。

 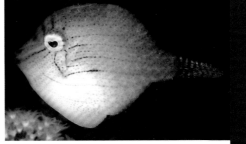

泰勒氏短革鲀幼鱼（左图）身体呈黄绿色。右图中为成鱼，体色较浅。

Bearded Leatherjacket / *Anacanthus barbatus*

拟须鲀分布于印度洋-西太平洋海域，30 cm。身体上有褐色纵纹。（里亚·坦／摄）

Waxy Filefish / *Cantherhines cerinus*

蜡前孔鲀分布于西太平洋海域，12 cm。身体呈黄色，眼睛后方有深色条纹。

Yelloweye Filefish / *Cantherhines dumerilii*

棘尾前孔鲀分布于印度洋-太平洋海域，38 cm。虹膜和尾鳍呈黄色。

Spectacled Filefish / *Cantherhines fronticinctus*

纵带前孔鲀分布于印度洋-西太平洋海域，25 cm。双眼之间的区域呈深色，尾柄呈白色。

Honeycomb Filefish / *Cantherhines pardalis*

细斑前孔鲀分布于印度洋-太平洋海域，25 cm。头部有蓝色条纹，尾鳍呈浅黄色。左图中为出现婚姻色的雄鱼和雌鱼。右图中为幼鱼，14 cm。

细斑前孔鲀的亚成鱼，18 cm。

Leafy Filefish / *Chaetodermis penicilligerus*
单棘棘皮鲀分布于印度洋-西太平洋海域，18 cm。
（里亚·坦 / 摄）

Longnose Filefish / *Oxymonacanthus longirostris*
尖吻鲀分布于印度洋-太平洋海域，10 cm。通常
在鹿角珊瑚附近摄食。

False Puffer / *Paraluteres prionurus*
锯尾副革鲀分布于印度洋-西太平洋海域，10 cm。
能模拟有毒的横带扁背鲀。

Whiteblotch Filefish / *Paramonacanthus choirocephalus*
膜头副单角鲀分布于西太平洋海域，15 cm。身
体上有白色斑块和褐色纵纹。

Shortsnout Filefish / *Paramonacanthus curtorhynchos*
短吻副单角鲀分布于印度洋-西太平洋海域，
11 cm。图中为黄色体色型个体。

Shortsnout Filefish / *Paramonacanthus curtorhynchos*
短吻副单角鲀分布于印度洋-西太平洋海域，11 cm。第二背鳍下方有深色斑块。左图中为成鱼，右
图中为幼鱼。

Faintstripe Filefish / *Paramonacanthus pusillus*

布什勒副单角鲀分布于印度洋-西太平洋海域，18 cm。眼睛下方有条纹，体侧有 3~4 条纵纹。

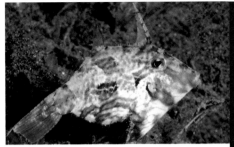

Mudbank Filefish / *Paramonacanthus sulcatus*

绒纹副单角鲀分布于西太平洋海域，12 cm。身体呈浅色，有褐色斑块。

Orangetail Filefish / *Pervagor aspricaudus*

粗尾前角鲀分布于印度洋-西太平洋海域，12 cm。身体前半部呈浅蓝色，后半部呈橘色。

Blackbar Filefish / *Pervagor janthinosoma*

红尾前角鲀分布于印度洋-太平洋海域，15 cm。胸鳍基部上方有黑色斑块。

Redtail Filefish / *Pervagor melanocephalus*

黑头前角鲀分布于印度洋-西太平洋海域，11 cm。头部呈深蓝色。

Blacklined Filefish / *Pervagor nigrolineatus*

黑纹前角鲀分布于西太平洋海域，10 cm。眼睛下方有弯曲的白色条纹。

Rhinoceros Filefish / *Pseudalutarius nasicornis*

前棘假革鲀分布于印度洋-西太平洋海域，19 cm。成鱼（左图）尾柄上有深色鞍状斑。右图中为幼鱼。

Blotchy Filefish / *Pseudomonacanthus macrurus*

斑拟单角鲀分布于印度洋-西太平洋海域，23 cm。可通过改变体色和斑纹融入不同的环境。身体上有深褐色斑点和不规则的浅褐色斑块。

Diamond Filefish / *Rudarius excelsus*

毛柄粗皮鲀分布于西太平洋海域，3 cm。身体上弯曲的白色纵纹从头部一直延伸至透明的尾部。

Minute Filefish / *Rudarius minutus*

小粗皮鲀分布于西太平洋海域，3 cm。颊部有褐色条纹。雄鱼臀鳍上有深色斑点。

Longhorn Cowfish / *Lactoria cornuta*

角箱鲀分布于印度洋-太平洋海域，46 cm（通常为 20~25 cm）。身体上有浅蓝色斑点，头部的斑点较小，躯干的斑点较大。右图中为幼鱼。

Thornback Cowfish / *Lactoria fornasini*

福氏角箱鲀分布于印度洋-西太平洋海域，15 cm。背部中间有突出的棘，身体上有蓝色短条纹。右图中为幼鱼。

Yellow Boxfish / *Ostracion cubicus*

粒突箱鲀分布于印度洋-太平洋海域，45 cm。成鱼尾柄呈浅黄色，鳃盖上及周围有黄色条纹。右图中为幼鱼。

Whitespotted Boxfish / *Ostracion meleagris*

白点箱鲀分布于印度洋-太平洋海域，15 cm。雄鱼（右图）头部及体侧呈蓝色。雌鱼（左图）身体呈深色，有白色斑点。

Reticulate Boxfish / *Ostracion solorensis*

蓝带箱鲀分布于西太平洋海域，12 cm。雄鱼（右图）身体呈浅蓝色，体侧有迷宫状斑纹，体侧上半部有宽条纹。雌鱼（左图）身体呈灰色或浅黄色，体侧有网格状斑纹。

Horn-Nosed Boxfish / *Ostracion rhinorhynchos*

突吻箱鲀分布于印度洋-西太平洋海域，35 cm。成鱼吻部隆起。

Humpback Turretfish / *Tetrosomus gibbosus*

驼背真三棱箱鲀分布于印度洋-太平洋海域，22 cm。背部有大棘突。

Blue-Spotted Puffer / *Arothron caeruleopunctatus*

青斑叉鼻鲀分布于印度洋-西太平洋海域，80 cm。身体上有蓝色斑点。

Striped Puffer / *Arothron manilensis*

菲律宾叉鼻鲀分布于西太平洋海域，31 cm。尾鳍边缘呈黑色。

White-Spotted Puffer / *Arothron hispidus*

纹腹叉鼻鲀分布于印度洋-太平洋海域，48 cm。胸鳍基部有黑色斑块。成鱼（右图）身体呈灰色，鳍呈浅黄色。左图中为幼鱼。

Immaculate Puffer / *Arothron immaculatus*

无斑叉鼻鲀分布于印度洋-西太平洋海域，28 cm。尾鳍边缘呈深色，胸鳍基部有黑色斑块。左图中为浅色体色型个体，右图中为斑驳体色型个体。

Map Puffer / *Arothron mappa*

辐纹叉鼻鲀分布于印度洋-太平洋海域，60 cm。眼睛周围有辐射状条纹，胸鳍基部和腹部有黑色斑块。左图中为亚成鱼，20 cm。右图中为成鱼。

Guineafowl Puffer / *Arothron meleagris*
白点叉鼻鲀分布于印度洋-太平洋海域，32 cm。身体呈深蓝色或黑色，有白色斑点。幼鱼（左图）身体上有黄色斑点。

Black-Spotted Puffer / *Arothron nigropunctatus*
黑斑叉鼻鲀分布于印度洋-太平洋海域，30 cm。体色多变，身体上有黑色斑点，眼睛周围和吻部常有深色斑块。

Reticulated Puffer / *Arothron reticularis*
网纹叉鼻鲀分布于印度洋-西太平洋海域，43 cm。吻部和颊部有弧形条纹，鳍呈浅黄色。

Starry Puffer / *Arothron stellatus*
星斑叉鼻鲀分布于印度洋-太平洋海域，90 cm。成鱼胸鳍和背鳍基部有深色斑块。

星斑叉鼻鲀的亚成鱼（左图），18 cm。右图中为较小的幼鱼，2 cm。幼鱼身体上有条纹。

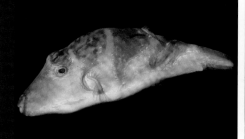

Pacific Crown Toby / *Canthigaster axiologus*
轴扁背鲀分布于太平洋海域，13 cm。颌部有浅红色条纹。

Bennett's Toby / *Canthigaster bennetti*
点线扁背鲀分布于印度洋–太平洋海域，10 cm。背鳍基部有深色斑块。

Compressed Toby / *Canthigaster compressa*
细纹扁背鲀分布于西太平洋海域，11 cm。身体上部有白色线纹和白色斑点。

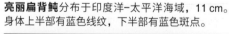

Bluespotted Toby / *Canthigaster cyanospilota*
蓝点扁背鲀分布于印度洋和巴厘岛海域，11 cm。身体上有蓝色斑点，胸鳍基部有深色斑块。

Lantern Toby / *Canthigaster epilampra*
亮丽扁背鲀分布于印度洋–太平洋海域，11 cm。身体上半部有蓝色线纹，下半部有蓝色斑点。

Honeycomb Toby / *Canthigaster janthinoptera*
圆斑扁背鲀分布于印度洋–太平洋海域，9 cm。在洞穴中独居生活。身体呈红褐色，有浅色圆形斑点。右图中为幼鱼。

Shy Toby / *Canthigaster ocellicincta*

眼带扁背鲀分布于西太平洋海域，6.5 cm。栖息于外礁区水深超过 25 m 的洞穴中。眼睛后方有 2 条白色横纹。左图中为幼鱼。

Papuan Toby / *Canthigaster papua*

巴布亚扁背鲀分布于西太平洋海域，9 cm。吻部呈橘色，眼睛周围有辐射状蓝色线纹，背鳍基部有深色斑块。右图中为幼鱼。

Black-Saddled Toby / *Canthigaster valentini*

横带扁背鲀分布于印度洋–太平洋海域，10 cm。身体上有许多红褐色斑点和 4 块深色鞍状斑。

Milk-Spotted Puffer / *Chelonodon patoca*

凹鼻鲀分布于印度洋–太平洋海域，33 cm。腹部呈黄色，尾鳍呈浅蓝色。

Silver-Cheeked Toadfish / *Lagocephalus sceleratus*

圆斑兔头鲀分布于印度洋–西太平洋海域，80 cm。尾鳍呈新月形，中间呈黄色。

Yellow-Stripe Toadfish / *Torquigener brevipinnis*

黄带窄额鲀分布于印度洋–西太平洋海域，10 cm。颊部有浅褐色斜纹。

Orange-Spotted Toadfish / *Torquigener hypselogeneion*

头纹窄额鲀分布于印度洋–太平洋海域，10 cm。眼睛下方有边缘模糊的深色条纹。

Fringe-Gilled Toadfish / *Torquigener tuberculiferus*

瘤窄额鲀分布于印度洋–西太平洋海域，13 cm。尾鳍基部有深色条纹。

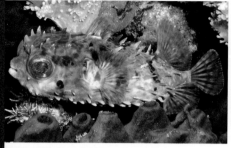

Birdbeak Burrfish / *Cyclichthys orbicularis*

圆点圆刺鲀分布于印度洋–西太平洋海域，14 cm。眼睛大，有星星点点的青铜色斑点；眼睛后方有 2 个深色斑块。受到捕食者惊扰时身体膨胀，竖起棘刺（右图）。

刺鲀科 PORCUPINEFISHES

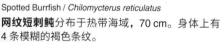

Spotted Burrfish / *Chilomycterus reticulatus*

网纹短刺鲀分布于热带海域，70 cm。身体上有 4 条模糊的褐色条纹。

Spotbase Burrfish / *Cyclichthys spilostylus*

黄斑圆刺鲀分布于印度洋–西太平洋海域，28 cm。体侧有模糊的褐色斑点。

Longspined Porcupinefish / *Diodon holocanthus*

六斑刺鲀分布于热带海域，38 cm。一条上宽下窄的褐色条纹穿过眼睛。

Spot-Fin Porcupinefish / *Diodon hystrix*

密斑刺鲀分布于热带海域，71 cm。体色均匀，身体上有黑色斑点。

Shortspine Porcupinefish / *Diodon liturosus*

大斑刺鲀分布于印度洋–太平洋海域，65 cm。眼睛下方有较宽的黑色斜纹。

Bumphead Sunfish / *Mola alexandrini*

亚历山大翻车鲀分布于印度洋–太平洋海域，300 cm。身体呈卵圆形，头部和颌部隆起。以水母、海藻和软体动物为食。（谢尔盖·韦尔杰列夫斯基 / 摄）

致　谢

艾伦·G.R. 和 M.V. 埃德曼所著的《东印度群岛的珊瑚礁鱼类》(*Reef Fishes of the East Indies*)，以及库伊特·R.H. 和殿冢·T. 所著的《印度尼西亚珊瑚礁鱼类图鉴》(*Pictorial Guide to Indonesian Reef Fishes*) 为本书提供了重要参考，感谢这两本书的作者。

同时，我要感谢所有为本书中的鱼类进行鉴别和对本书内容进行审订的人，包括谢尔盖·博戈罗茨基、广之元村、约翰·E. 兰德尔、杰拉尔德·罗伯特·艾伦、马克·V. 埃德曼、谕介日比野、安东尼·吉尔、海伦·拉森、本杰明·维克托、韦恩·斯塔恩斯、罗纳德·弗里克、沃特·霍勒曼、威廉·F. 史密斯 – 瓦尼兹、伊莱恩·海姆斯特拉、杰弗里·T. 威廉斯、戴维·G. 史密斯、乔·罗利特、肯特·E. 卡彭特、计一松浦、之夫岩付和雷切尔·阿诺德。

感谢我的妻子伊琳娜·赫洛普诺娃在我写这本书时给予我的支持。

感谢亚历克斯·瑟托达、安德雷·达金、安德雷·纳察克、贝恩德·霍佩、弗朗索瓦·利伯特、伊斯特·帕迪略、珍妮特·约翰逊、杰尔姆·金、森秀树、久间部准一、卡伦·霍尼克特、马克·罗森斯坦、铃木直志、奈杰尔·马什、山村哲一、奥德·克里斯滕森、奥克萨纳·马克西穆瓦、奥利弗·施皮斯霍菲、里亚·坦、里卡德·塞尔佩、罗塞扬托·罗西、鲁迪·库伊特、谢尔盖·韦尔杰列夫斯基、铃木晋一、佐藤洋一和尤里·伊万诺夫慷慨地分享 34 种鱼的照片。

衷心感谢法国国家自然历史博物馆（Muséum National d'Histoire Naturelle）的菲利普·布歇邀请我参加"重新审视我们的地球（La Planète Revisitée）"探险项目。感谢安吉·特顿提供的宝贵意见。

安德鲁·瑞安斯基

索　引

245